El triunfo de una

extraña
amistad

Las simbiosis entre vegetales
y otros organismos
mueven el mundo

LEOPOLDO GARCÍA SANCHO

El triunfo de una
extraña
amistad

Las simbiosis entre vegetales
y otros organismos
mueven el mundo

EDICIONES PIRÁMIDE

COLECCIÓN «CIENCIA HOY»

Diseño de cubierta: Anaí Miguel

Ilustraciones: Sofía Garcia Cuartero

Ediciones Pirámide se compromete con el medio ambiente reduciendo la huella de carbono de sus libros.

PAPEL DE FIBRA
CERTIFICADA

© Leopoldo García Sancho
© Ediciones Pirámide (Grupo Anaya, S. A.), 2024
Valentín Beato, 21. 28037 Madrid
Teléfono: 91 393 89 89
www.edicionespiramide.es
Depósito legal: M. 16.131-2024
ISBN: 978-84-368-4992-9
Printed in Spain

A Rosa Sancho, la cual, cerca de cumplir cien años, sigue diciéndome con acierto lo que está bien y lo que está mal.

A mi muy mejor amigo Andrés Municio, al que le cuesta mucho leer mis libros, pero que, por puro cariño, lo sigue intentando.

ÍNDICE

AGRADECIMIENTOS

Seguramente esta es la parte más comprometida y delicada de cualquier libro. Espero no olvidar a nadie relevante para esta publicación, pero si es así, ofrezco desde aquí mis más sinceras disculpas.

Ante todo, quiero expresar mi más profundo agradecimiento a Joaquín Araujo (Quini), maestro de la divulgación científica, que ha tenido la amabilidad y la deferencia de prologar este libro. Solo espero estar mínimamente a la altura de su sabiduría y excelencia literaria.

Debo reconocer también el extraordinario trabajo editorial de Inmaculada Jorge, directora editorial del grupo Anaya, y Lidia Tello, editora de Ediciones Pirámide. Inmaculada no vaciló en confiar en mí por segunda vez, después de la publicación del libro *Antártida: ciencia y aventura en los confines del mundo*. No hay nada como sentir este respaldo para enfrentarse día a día el lento y con frecuencia, trabajoso discurrir de la escritura. Lidia Tello es responsable de que el libro que tenéis en vuestras manos, independientemente de sus mayores o menores méritos literarios o científicos, tenga el equilibrio, la maquetación y el diseño como para ser considerado un objeto amigable y bello, fácil de leer y digno de figurar en las estanterías de vuestra casa.

Ahora deseo mencionar a un trío de Anas que, de alguna forma, me han acompañado buena parte de mi vida:

Agradezco mucho a Ana Crespo, presidenta de la Real Academia de Ciencias, su continuo estímulo para que persevere en este mundo de la divulgación, además de sus críticas y consejos siempre oportunos y sagaces. Pero, sobre todo, le agradezco las infinitas discusiones que pacientemente ha mantenido conmigo acerca de cualquier tema, no siempre de carácter científico, desde que era su alumno de doctorado, allá en las profundidades del siglo pasado.

Por Ana Pintado, profesora en la Facultad de Farmacia de la UCM, siento un agradecimiento y un reconocimiento muy especial; sus correcciones del manuscrito han sido cruciales. Solo una persona como Ana Pintado puede compaginar de forma tan admirable la meticulosidad para detectar cualquier pequeño error lexicográfico o gramatical, con un inmenso conocimiento en biología para criticar y mejorar aspectos conceptuales básicos.

A Ana Belío, socia directora de ABA Abogadas, le debo el impulso inicial para comenzar este libro. Su estupendo artículo sobre *Las bodas de Fígaro* (dosier Ópera y Derecho IV. *Scherzo,* 03.2023) que me envío hace más de un año fue una inspiración para adentrarme en la fascinante época de transición entre el Barroco y el Romanticismo en Centroeuropa y constatar su enorme influencia en la evolución de la ciencia.

Teresa, mi mujer, es probablemente mi lectora más exigente, pero también la más alentadora y cariñosa. Junto con mis hijas, Sofía y Laura, siempre me hacen sentir que todo es posible y, sin duda, que puedo más de lo que en realidad soy capaz. Pero solo con una pequeña dosis de inconsciencia se pueden asumir retos difíciles y no hay nada mejor que estar bien arropado antes de afrontarlos.

Sofía, además, nos ha ofrecido su arte y su sensibilidad en las acuarelas que figuran en las entradillas de cada capítulo. Solo por ello, este libro ya podría considerarse como una pieza única. Si además es capaz de despertar la curiosidad o el interés de los lectores por algunas de las asociaciones entre seres tan extraños entre sí que en él se relatan, el trabajo invertido habrá merecido la pena.

EN EL ABRAZO RESIDE LA SABIDURÍA (JOAQUÍN ARAÚJO PONCIANO)

«Nadie enseña mejor a vivir que lo viviente»
W. G. GOETHE

Consideren un premio lo que, ahora mismo, levemente pesa en sus manos. Obséquiense, por favor, el ya raro placer de leer. Más grande todavía cuando lo que se les está acercando por estas páginas puede ser calificado como la mejor historia de la Historia de la Vida. Es más, pueden estar seguros de que poco, o nada, se puede hacer mejor, ahora mismo, que dejar a su comprender que comprenda un poco más, un poco mejor. Acaricien levemente el buen sabor de la sabiduría.

Animo, incluso, a que sus ojos paseen lentamente por este bosque de palabras, pues con ellas, si las hacen suyas, cabe contribuir a la derrota de la arreciada ignorancia, enemiga de todo lo viviente. Tan mermado en los últimos lustros. Aquí, por el contrario, encontrarán mucha coherencia destilada con el método científico y, en consecuencia, por lo más cercano que cabe encontrar a la cada día más necesaria verdad.

Se nos insta, incluso, a sintonizar con la silenciosa melodía de la evolución. Con su principal logro, la asistencia mutua, que tiene mucho de musical pues adelanta la armonía. Apaguen el roedor ruido de nosotros mismos leyendo lentamente lo que descansa sobre papel y se yergue con la contundencia de la realidad constatada. Pero no menos con la belleza, compasión y hasta ternura de lo que asiste y acaba consiguiendo que lo asistan. Porque, de cuanto sucede y sucedió, lo que más alivia es la reciprocidad. Conviene, en consecuencia, que algo quede de la misma para le queden algunas posibilidades al futuro.

Para comenzar este esencial rescate conviene advertir que lo esencial —es decir, la vivacidad— es masiva y constantemente atacada por lo insignificante —es decir por la mezquindad que manda—. La gran mentira del antropocentrismo es ocultar, y hasta negar, que lo necesario ha quedado arrinconado por lo superfluo. Demasiado se olvida que los parásitos han ocupado todas las posiciones de dominio en este mundo. Que cada día la codicia manda más. Que arrecian lo fugaz, la comodidad y los peligrosos supremacismos... En fin, lo que consigue la merma de la multiplicidad de la Vida. Todo ello justificado con la falacia de que tanto en la Natura como en la sociedad es la capacidad de dominar la que triunfa, De ahí precisamente que quede justificada la calificación de mezquino para los poderes. Casi todos ellos amedrentan por su incapacidad de contemplar unos mínimos límites en todas las facetas de la actual sociedad que ha convertido su estilo de vida —conviene reiterarlo— en un ingente atentado contra las otras vidas y lo que las hace posibles.

En definitiva padecemos tiempos en los que la mediocridad y la negación incluso de lo evidente —siempre excelentes parejas de la mezquindad— están socavando la poca sabiduría que tras tantos siglos de paciente indagación habíamos alcanzado.

Nos rodean, es más, conatos de colapsos encadenados a los que estamos arrastrando a la Vivacidad misma. Por eso mismo resulta incluso manifiestamente imprescindible este libro.

Por eso mismo resulta necesario saber que tanta amenaza solo puede ser contrarrestada con conocimiento, es decir, con intentos de aproximación a la sabiduría. Pero no la que propugnó Bacon como primer instrumento de poder sobre la Natura y de unos humanos sobre otros. Conocer, o si se prefiere saber, consiste en "acordarse. Y acordarse es reconocerse en unidad con lo que está siendo", como nos propuso la lúcida María Zambrano. Es decir que se trata de aprender a fluir con lo que fluye, a encontrarse con los encuentros, a colaborar con lo que nos sostiene. A vivir CON, en lugar de contra.

CON es simbiosis. Contra es parasitismo.

CON CONocimiento.

Pero no menos cierto resulta que contamos con diagnósticos serios y constatados. Hay medicina y tratamiento. Hay formidables aproximaciones a una correcta interpretación como demuestra este excelente trabajo de Leopoldo García Sancho.

Nada menos que un completo repaso de las múltiples alianzas que se dieron y dan entre los seres vivos. Siguiendo, insisto, los miles de millones de años del proceso evolutivo el autor demuestra que, no las exclusiones sino las confluencias, son las que consiguen que viva la Vida; es decir que conviva con el derredor y con sus otros inquilinos.

Este libro enseña lo que mejor que nadie enseña la Natura con su más frecuente, eficaz, eficiente y necesaria forma de vivir.

Como la civilización entera precisa urgentemente elegir entre esos dos modos, formas, maneras, estilos de vivir... Conviene ampliar al máximo posible en qué consiste lo de VIVIR CON. Enorme ayuda nos presta esta completa indagación de los múltiples casos de CONcordia. Formidable palabra que evoca corazones que laten acompasados. Que la mayoría de los implicados en las cruciales simbiosis no tengan corazón en nada estropea la idea de que cabe vivir concordados.

Leopoldo García Sancho recorre, como si fuera un explorador de tiempos pasados, la inmensa mayor parte de los casos de simbiosis que se dan en la biosfera. Un completo repertorio de lo que en distintos hábitats, con diferentes especies y estrategias han logrado esas uniones beneficiosas para quienes las completan y benefactoras para todos los demás seres vivientes del planeta.

Para eso contamos que esta espléndida ampliación de las muchas etapas de la historia de la Vida en las que unos vivos supieron abrazarse, fundirse, confluir unos con otros para que fuera más completa, eficiente y duradera la propia historia, la de las dos o más especies que se acudían unas a otras para desafiar al tiempo, la escasez y la muerte.

Cuando, al inicio de esta breve invitación a la lectura, califiqué a las simbiosis como la mejor historia, acaso debí añadir que junto a la fertilidad natural. Lo que, en efecto, sucede en los primeros centímetros de los suelos no aniquilados por esa otra arrogancia de producir alimentos en lugar de dar de comer bien a lo que vamos a comer es también crucial. Tanto que las simbiosis que más decisivamente vivifican el mundo se dan precisamente en el ámbito de la fertilidad natural. Las alianzas entre hongos y las raíces de las plantas que reverdecen la piel del planeta son posibles en la fertilidad. Con lo que un contenido pasa a ser literalmente tan crucial como el continente y ambos son procesos vivos. Sin descartar, por supuesto, que también cabe considerar simbiótico el encuentro que los cuatro elementos consuman en los suelos fértiles. Estrecho vínculo, a cuatro, de luz, aire, agua y tierra...

Pero también las tenemos cerca. Llevamos puesta una esencial alianza. No hay que salir de nosotros mismos para admirar y respetar a los logros de la cooperación entre seres vivos de reinos tan aparentemente alejados como las bacterias y los animales. En nuestro cuerpo damos cobijo y alimento a más bacterias que células propias. Convivencia imprescindible para esa comunidad que es toda especie.

¡Qué diferente resultaría casi todo si nos contempláramos como proceso y amistosa asociación de lo múltiple!

Dejémonos ayudar por lo que sabe ayudarse. Aprendamos de la mejor lección de la historia de la Vida. Podemos imitar a las sabias raíces, a los hongos mensajeros, incluso a cualquiera de nuestros organismos que no dejan de ser consecuencia de los múltiples encuentros colaborativos que se opusieron a la tiranía de la muerte. Recordemos que vivir consiste en que siga habiendo vidas.

La sabiduría de cientos de científicos a lo largo de siglos y aquí destilada – la buena divulgación no deja de ser puro elixir - por Leopoldo García Sancho desemboca en la que algunos consideramos la más necesaria forma de comprender nuestro papel en medio de la Vida. Irrefutable resulta que, en el abrazo entre diferentes, reside el éxito. Compartir es más sabio, seguro y duradero que acaparar. Viajemos , pues, del parasitismo a la simbiosis.

Frenemos en seco todos los actuales colapsos, ya iniciados, incorporando la vieja sabiduría de la Vida. Seamos un poco más sabios intentando ser hermanos, compañeros, amigos, amantes del resto de lo viviente.

Solo así será menos letal la ignorancia.

¡GRACIAS Y QUE LA VIDA OS ATALANTE[1], QUE NO OTRA COSA INVENTÓ Y NADA MENOS PRETENDEN LAS SIMBIOSIS!

[1.] Esta polisémica y olvidada palabra incluye la acepción de CUIDADO.

INTRODUCCIÓN

«In the evolutionary drama, symbiosis is the quiet force
that reshapes destinies and redefines possibilities»
Dorion Sagan

«En el drama de la evolución, la simbiosis es la fuerza sosegada
que rediseña destinos y redefine posibilidades»
(Traducción del autor)

«El todo es mayor que la suma de sus partes»
Aristóteles

El nacimiento de una idea

El tránsito entre los siglos xviii y xix fue una época de extraordinario vigor científico y cultural en Europa. Supuso un cambio profundo en las ideas filosóficas y en las formas de expresión literaria, pictórica, arquitectónica o musical, que justificó el establecimiento de un nuevo periodo: el Romanticismo. Durante algunos años, una pequeña ciudad universitaria alemana condensó toda esta fuerza creativa alrededor de nombres tan singulares como Goethe, Novalis, Schiller, Schelling, Fichte, los hermanos Schlegel o los hermanos Humboldt, que decidieron compartir su vida y su trabajo en este lugar casi desconocido. Gracias a ellos, pasó a llamarse con admiración en todo mundo «el círculo de Jena».

En este entorno, ubicado en el idílico valle del río Saale, rodeado de colinas boscosas y acantilados calcáreos, este grupo de amigos geniales forjó el movimiento romántico alemán. Su enfoque se centró en el idealismo, la promoción de la creatividad individual, la innovación en la educación universitaria y una nueva perspectiva de la naturaleza. En estos últimos aspectos, los hermanos Humboldt desempeñaron un papel crucial. Wilhelm von Humboldt, el mayor, más orientado hacia la literatura y la filosofía, desarrolló el concepto de una «universidad horizontal», con planes de estudio flexibles que permitieran la integración de diversas materias en las áreas principales de cada especialidad. Wilhelm creía en la interconexión entre disciplinas, donde el derecho y la música, la medicina y la filosofía, la física y la botánica podían enriquecerse mutuamente. Desde entonces, la peculiar organización de la universidad alemana, que tanto ha influido en numerosas instituciones académicas europeas y americanas, se denomina «humboldtiana», y a Wilhelm Humboldt está dedicada una de las más importantes universidades de Berlín, que él mismo fundó en 1810.

Pero, a pesar de todos estos méritos indiscutibles, seguramente es el segundo de esta singular pareja de hermanos el que ha alcanzado mayor fama para la posteridad. Alexander von Humboldt (figura 1) no solo participó en el desarrollo de esta visión integradora, cosmológica, del conocimiento, sino que la puso en práctica, llevando a cabo uno de los viajes más memorable de la historia. Recorrió el planeta en uno y otro hemisferio, estudió las grandes montañas y coleccionó una ingente cantidad de especímenes vegetales, animales y minerales. Precedido por una aureola de respeto y admiración, fue recibido por reyes y presidentes, impartió conferencias en academias y universidades, y dedicó el resto de su vida a realizar una compilación de todo el conocimiento acumulado en una magna obra que, naturalmente, recibió el nombre de *Kosmos*.

Alexandra Wulf, en su magnífica biografía de A. von Humboldt, señala su esfuerzo permanente por encontrar una conexión entre la parte puramente física del ambiente, como el clima o el suelo, y la parte biológica, especialmente la vegetación. En su reveladora ascensión al Teide, Humboldt percibió con claridad la relación entre las variaciones climáticas provocadas por el aumento de altitud y los cinturones de vegetación que se superponían ordenadamente: desierto, laurisilva, pinar,

Figura 1.—Alexander von Humboldt (1769-1859).

matorral y tundra alpina. Se cuenta que, en el valle de la Orotava, el joven Alexander cayó de rodillas deslumbrado por un paisaje bellísimo y,
para él, lleno de significados. Una especie de síndrome de Stendhal
aplicado a un naturalista apasionado.

A lo largo de su gran viaje, Humboldt ensayaría esta interpretación,
surgida en Tenerife, en el Chimborazo, en los Andes peruanos y en general en las grandes montañas de América del Norte y del Sur. La nueva visión integradora fue, como veremos, el origen de la ecología. A partir de entonces, los seres vivos dejaron de considerarse entes aislados,
sembrados de forma más o menos caprichosa por el ancho mundo,
para entenderse como una red de dependencias cruzadas en estrecha
relación, sobre todo en el caso de las plantas, con el clima y el suelo.
Solo algunos años después, Darwin utilizaría esta interdependencia
para explicar los procesos de competencia y selección natural en el origen de las especies.

En el siglo anterior, en pleno barroco, el principal avance en el estudio
de la naturaleza había sido la propuesta de clasificación taxonómica de
Linneo. Desde su casa de Upsala (Suecia), que servía también de jardín

botánico y laboratorio, este sabio naturalista describió y clasificó miles de animales, plantas y hongos, en virtud de sus características morfológicas y anatómicas, estableciendo la base para las ordenaciones taxonómicas modernas. Él fue quien introdujo el sistema binomial para dar nombre a las especies. Por eso tantas de ellas llevan asociada la inicial de Linneo; por ejemplo, *Homo sapiens* L. De alguna manera, Linneo asumió la gigantesca tarea de dar nombre a la creación, un trabajo que Adán había dejado un tanto incompleto. Naturalmente, las especies se contemplaban como entidades individuales, perfectas, en el sentido de que habían aparecido de una sola vez en el sexto día de la creación, según el Génesis. Por lo tanto, el paso del Barroco al Romanticismo significó para la biología un cambio cualitativo; el puente entre la conjunción copulativa «o», que hace hincapié en la separación entre conceptos, individuos o especies, y la inclusiva «y», que expresa la integración y la interdependencia.

Mientras se iba estableciendo esta nueva visión de la naturaleza, mejoraban notablemente los instrumentos ópticos, que ensanchaban los límites de nuestra percepción de lo macro y de lo micro. Curiosamente, Jena se situó también en la vanguardia de la producción de lentes de muy alta calidad, tanto para telescopios como para microscopios, que se ha mantenido hasta nuestros días. A mediados del siglo xix los microscopios tenían ya suficiente capacidad de resolución como para adentrarse en el mundo microscópico y celular: el microcosmos. Aunque no siempre la íntima estructura de la vida, ahora disponible para su estudio, era interpretada de forma correcta.

El caso de los líquenes fue muy ilustrativo. El gran botánico alemán Wilhelm Wallroth realizó, en la primera mitad del siglo xix, los estudios anatómicos más completos de estos organismos y acuñó una nomenclatura para su descripción, que en gran medida sigue utilizándose hoy en día. Sin embargo, las algas unicelulares, que como bolitas verdes se visualizan al microscopio en el interior de los líquenes, fueron interpretadas por el profesor Wallroth como células reproductoras y les asignó el nombre de «gonidia», gónadas o células gonidiales, es decir, los líquenes eran considerados hongos muy peculiares con células reproductoras de un llamativo color verde. Esta interpretación se mantuvo muchos años y dio lugar a una agria disputa entre científicos muy prestigiosos, que en algún momento llegaron a perder las formas.

Unas décadas después de la publicación de los trabajos de Wallroth, Schwendener, un científico suizo, propuso una interpretación de los líquenes que para muchos colegas resultaba inaceptable e incluso escandalosa. Las bolitas verdes que se observaban al microscopio no serían células reproductoras del hongo, sino algas que vivían en su interior y que con su fotosíntesis proporcionaban al hongo los carbohidratos (azúcar y almidón) necesarios para su crecimiento. Esto suponía el máximo grado en la visión integradora e interconectada del mundo que habían desarrollado los hermanos Humboldt. Demasiado para lo que ciertos científicos de la época eran capaces de aceptar y de comprender. De hecho, el liquenólogo más importante de la época, el finés William Nylander, se opuso con gran vehemencia y hasta el final de sus días, ya en a las puertas del siglo xx, a este concepto dual de los líquenes y siempre sostuvo que se trataba de organismos unitarios. Sin embargo, las evidencias sobre su carácter compuesto se fueron acumulando en diferentes lugares de Europa.

En 1877, el científico alemán Albert Bernhard Frank utilizó, para describir esta extravagante pareja de hongo y alga, el término alemán *Zusammenleben,* vida en común; en castellano, «simbiosis», del griego *syn,* juntos, y *biosis* vida. Solo un año más tarde, su colega Heinrich Anton de Bary precisó que se trataba de una asociación entre organismos totalmente distintos. A partir de entonces y como suele suceder cuando se produce un cambio de paradigma, los naturalistas comenzaron a descubrir casos de vida en común, de simbiosis, por todas partes, tanto en tierra como en los océanos. El nuevo término se aplicó a las asociaciones de algas unicelulares y de pólipos que integran los arrecifes coralinos, a las asociaciones de hongos y raíces de la rizosfera o a las bacterias que viven en el aparato digestivo de los rumiantes, y finalmente de cualquier vertebrado. La simbiosis pasó del reducido mundo de los líquenes a convertirse en un fenómeno universal de extraordinaria importancia para entender el funcionamiento de la biosfera, y en último término, de la evolución.

Al mismo tiempo que se extendía, imparable, la consideración de los líquenes como seres duales y la simbiosis iba reconociéndose en multitud de organismos marinos y terrestres, Ernst Haeckel, también estudiante y más tarde profesor en Jena, proponía el término «ecología» para describir las complejas relaciones de las especies entre ellas mismas y con su medio ambiente; otro avance fundamental en la integración y la interconexión de las ciencias. Así, la simbiosis a nivel microbiano y la ecología a gran escala, definieron la observación de la naturaleza a finales del siglo XIX y junto a la evolución, se convirtieron en las ideas más potentes que inspirarían las grandes líneas de investigación biológica en el futuro.

SIMBIOSIS Y EVOLUCIÓN

Antes de continuar, es importante aclarar que la evolución no se rige por un sistema de suma cero en el que algunos organismos ganan a expensas de otros que pierden. La evolución es un proceso que impulsa la diversificación de la vida en la tierra y, en términos generales, la mayoría de las especies se benefician. A pesar de las crisis de extinción que han ocurrido a lo largo de la historia, la diversidad de organismos en nuestro planeta ha continuado aumentando. El número de familias, géneros y especies en todos los reinos biológicos es hoy mayor que nunca. En este proceso aparentemente incesante de crecimiento de la diversidad, la simbiosis, es decir, la cooperación entre extraños, ha jugado un papel fundamental.

Hace más de cien años, en 1909, el científico ruso Kostantin S. Mereschovky propuso la hipótesis según la cual los cloroplastos tuvieron su origen en procesos simbióticos; es decir, serían bacterias fotosintetizadoras, similares a las cianobacterias, que fueron fagocitadas, pero no digeridas, por células más grandes y complejas. A partir de esta asociación, los carbohidratos imprescindibles para el metabolismo de la célula hospedante serían proporcionados por las bacterias capturadas, que a su vez verían multiplicado su número de forma espectacular en este nuevo ambiente intracelular. El mismo origen se postuló para las mitocondrias e incluso para el núcleo. La propuesta de Mereschovky implicaba que las células más avanzadas, eucariotas, surgidas hace más de mil millones de años y antecesoras de todos los seres pluricelulares, no se habrían originado por una gradual evolución, impulsada por la selección natural, sino como resultado de eventos simbióticos que se volvieron permanentes.

Los trabajos de Mereschovky pasaron por completo inadvertidos, lo mismo que los de su colega Boris Mihailovich Kozo-Polyansky, que, en su trabajo *Simbiogénesis, un nuevo principio de la evolución* (1926), sostenía las mismas ideas y aportaba este nuevo término, «simbiogénesis», para describir el novedoso proceso de generación de formas y especies.

En los años sesenta, ambos autores fueron redescubiertos y merecidamente valorados por la científica estadounidense Lynn Margulis (figura 2), responsable y gran divulgadora de la conocida como «teoría de la endosimbiosis», tal vez la aportación en ciencias biológicas más original y estimulante de los últimos tiempos. Lynn Margulis redefinió, sistematizó y explicó en detalle las sucesivas simbiosis celulares que han acaecido en la transición de las células más simples, procariotas, a las más complejas, eucariotas. Mientras que tradicionalmente se consideraba a los organismos pluricelulares (animales, plantas, etc.) como seres individuales, Margulis afirmó que eran comunidades de células que se autoorganizaban y que este proceso era el auténtico motor de la evolución; es decir, que cooperar proporcionaba una ventaja competitiva crucial. Esta teoría, aparentemente extravagante, se encontró también con la dura y por momentos agria oposición de la mayoría de sus colegas, lo cual recuerda las dificultades encontradas por su predecesora, Beatrix Potter. Sin embargo, hoy en día se considera probada en su mayor parte.

Lynn Margulis tuvo un primer matrimonio con el famoso astrofísico y escritor de ciencia ficción Carl Sagan. Durante sus años juntos combinaron de manera insuperable sus dotes para la divulgación científica, complementándose para la comunicación de la visión macro y micro del universo. Dorion Sagan, uno de los dos hijos del matrimonio, cuenta en un reciente libro homenaje a su madre la vibrante época de los años 60 y 70, en la que Margulis exponía con vehemencia sus teorías a partir del estudio de microorganismos, en estrecha relación con otros iconoclastas como James Lovelock, promotor de la «hipótesis de Gaia», la idea más audaz para entender el funcionamiento del planeta en su conjunto. Al mismo tiempo, su marido, Carl Sagan, colaboraba activamente en el desarrollo de los programas de exploración espacial, que en aquel momento alcanzaban su máximo apogeo.

Figura 2.—Lynn Margulis (1938-2011).

Una muestra de los obstáculos que Lynn Margulis tuvo que superar para persuadir de su teoría de la endosimbiosis a la comunidad
científica de su propio país es que nunca consiguió financiación de la
principal agencia estadounidense, la National Science Foundation, y
que, solo tras quince intentos en las principales revistas científicas,
pudo finalmente publicar su primer trabajo sobre este asunto. Algunos
de sus enemigos más acérrimos eran científicos muy importantes e in-
fluyentes, como el famoso evolucionista y divulgador británico Richard
Dawkins, que no perdonaron su aparente «heterodoxia» y criticaron
con dureza lo que consideraban una oposición a la base genética del
darwinismo. Por el contrario, Lynn recibió un amplio apoyo y reconocimiento en otros países europeos, y singularmente en España, donde,
además del respeto y cariño por parte de numerosos científicos, encontró la felicidad personal. Ciertamente, desde el mismo comienzo, los
avances en el conocimiento de la simbiosis, como fenómeno esencial en
la biología y en la evolución, no han estado nunca exentos de polémica.

Desde un punto de vista más moderno, la simbiosis puede considerarse como un ejemplo destacado de la «ley de información funcional
creciente» para los sistemas biológicos. Según esta ley, los sistemas natu-

rales complejos evolucionan hacia estados de mayor complejidad y diversidad. Cuando una configuración novedosa resulta estable y mejora la funcionalidad del sistema, se produce la evolución. Aunque esta propuesta complementa la segunda ley de la termodinámica, su aceptación requiere un escrutinio y debate adecuados por parte de la comunidad científica. Sin embargo, sin lugar a dudas, esta teoría ayuda a comprender el éxito extraordinario de la simbiosis en la historia de la vida.

Aparte de las controversias evolutivas, uno de los aspectos conceptuales que siempre ha dado lugar a largas y en ocasiones, estériles, discusiones, es la forma de considerar los atributos de las asociaciones entre diferentes organismos, sobre todo para separar con claridad simbiosis, con beneficio mutuo (mutualistas), de parasitismo, en el caso de que solo uno de los socios se beneficie de la relación, causando algún tipo de daño o deterioro a su socio, pero también del más sutil concepto de comensalismo, en el que organismos diferentes se asocian para compartir una misma fuente de alimentación sin que ninguno de ellos se vea perjudicado.

En este libro no abordaremos los complejos escenarios de la genética y de la evolución involucrados en las diferentes relaciones entre huéspedes y hospedadores. Nos centraremos en la descripción de aquellas asociaciones simbióticas, de mutuo beneficio (mutualistas), en las que al menos uno de sus componentes es fotosintetizador y, por lo tanto, autónomo para producir su propia comida a partir de la luz. «Fotosimbiosis» sería el término más preciso para designar estas asociaciones, aunque de forma mucho más general podría hablarse de simbiosis vegetales. Este componente verde (plantas, algas o cianobacterias) establece una íntima relación con hongos o animales, a los que nutre y a su vez aportan ventajas ecológicas, reproductivas o metabólicas. Como veremos, no hay un solo rincón del mundo, terrestre o marítimo, donde estas simbiosis no estén presentes, e incluso dominen los ecosistemas. Allí donde haya algo de luz, sea el clima húmedo o seco, tórrido o gélido, encontraremos vegetales asociándose con otros organismos y facilitando la expansión de la vida. Sin embargo, como se expondrá en el último capítulo, estas simbiosis, tan resistentes frente a factores naturales extremos, se muestran especialmente frágiles ante las múltiples perturbaciones provocadas por el ser humano; de hecho, en muchas ocasiones, su deterioro y, eventualmente, su desaparición pueden entenderse como un aviso temprano sobre la gran crisis que amenaza a toda la biosfera.

BIBLIOGRAFÍA RELACIONADA

Honegger, R.(2000). Simon Schwendener (1829-1919) and the Dual Hypothesis of Lichens. *The Bryologist, 103:* 307-313. https://www.jstor.org/stable/3244159.

Margulis, L. (1982). *Early Life*. Science Books International.

Margulis, L. (ed.), (1991) *Symbiosis as a Source of Evolutionary Innovation: Speciation and Morphogenesis*. The MIT Press.

Sagan, D. (2014). *Lynn Margulis. Vida y legado de una científica rebelde.* Tusquets Editores.

Wong, M. L. et al. (2023). *On the roles of function and selection in evolving systems.* PNAS.

Wulf, A. (2015). *La invención de la naturaleza: el nuevo mundo de Alexander von Humboldt*. Taurus.

Wulf, A. (2022). *Magníficos rebeldes. Los primeros románticos y la invención del yo.* Taurus.

1

La célula más autosuficiente de la naturaleza. Todos quieren bailar con ella

«We are all here because of the kindness
of photosynthetic bacteria»
Lynn Margulis

«Todos nosotros estamos aquí gracias a la amabilidad
de las bacterias fotosintetizadoras»
(Traducción del autor)

A partir de los trabajos clásicos de Robert MacArthur y Edward O. Wilson, la colonización de islas oceánicas aisladas se convirtió en una rama especialmente fascinante de la biogeografía. Se han identificado determinadas especies de animales, plantas u hongos singularmente bien adaptados para la dispersión a larga distancia. Se les ha denominado «saltadores de islas» y son capaces de desplazarse miles de kilómetros para ser los primeros en llegar a un nuevo afloramiento volcánico surgido en medio del mar. De la misma forma, los defensores de la «teoría de la panspermia» postulan que existen «saltadores planetarios», propágulos vitales suficientemente resistentes para sobrevivir a viajes interespaciales y colonizar planetas o satélites. Según la panspermia, el origen de la vida en la Tierra estaría vinculado a la llegada de alguna de estas formas de vida procedentes de otros lugares del sistema solar.

En los congresos y reuniones de la moderna ciencia de la astrobiología, suele plantearse la pregunta sobre qué forma de vida sería la mejor candidata para esta siembra interplanetaria. Casi siempre las cianobacterias aparecen como protagonistas en estas especulaciones. Unas células morfológicamente tan sencillas, que ni siquiera poseen núcleo ni otros orgánulos celulares, engloban, sin embargo, las principales vías metabólicas que permiten a un organismo sobrevivir y crecer: la respiración a partir de oxígeno, la fotosíntesis a partir de luz y agua, y la utilización de nitrógeno atmosférico, molecular, para generar aminoácidos y proteínas; una pequeña célula, de apenas tres micras de diámetro, totalmente autosuficiente. Las improntas fósiles más antiguas de nuestro planeta ya contienen signos de cianobacterias, cuando no células o grupos de células perfectamente conservadas; es decir, poco después de enfriarse la corteza terrestre, lo suficiente para que se mantuviera el agua en estado líquido, las cianobacterias ya pululaban en lugares favorables. Las cianobacterias protagonizaron el gran evento de oxigenación (GOE, por sus siglas en inglés) que hace 2400 millones de años cambió para siempre la atmósfera de nuestro planeta, enriqueciéndola en oxígeno y acelerando la evolución. Hoy en día aún persisten grandes colonias de cianobacterias, denominadas estromatolitos, en algunas playas tropicales de México o Australia, casi idénticas a las descubiertas en las rocas más viejas que conocemos. Estas diminutas células llevan cerca de 4000 millones de años poblando y modelando el mundo.

Como se ha mencionado en la introducción, en la naturaleza hay dos grandes tipos celulares. El más grande y complejo, con orgánulos derivados de procesos de endosimbiosis y material genético encerrado en un núcleo, que se denomina «eucariota» (con auténtico núcleo); y el más sencillo, que no presenta orgánulos ni auténtico núcleo, denominado «procariota», bacterias, en un sentido muy amplio. Hay multitud de tipos y formas bacterianas. Probablemente es el grupo de organismos menos conocido y en el que resulta más difícil mantener un concepto estable de especie. Sus intercambios genéticos son muy fluidos, con transferencias de ADN entre unas células y otras sin que ni siquiera sea necesario un contacto intercelular. Se trata de una forma de parasexualidad, denominada «transferencia genética horizontal», que no se observa en los eucariotas; algo así como un bufé libre de genes, que les facilita una rápida adaptación a condiciones cambiantes y extremas.

En la actualidad, las bacterias fotosintetizadoras, las cianobacterias, constituyen una parte fundamental de la microbiota del suelo en cualquier latitud, así como de los sistemas acuáticos, tanto de agua dulce como marinos. Muchas de ellas se consideran extremófilos, es decir, capaces de sobrevivir en las condiciones más duras, como suelos hipersalinos, aguas hipertermales o Valles Secos de la Antártida. En los últimos años se ha avanzado de forma significativa en la comprensión de la base genética para esta extraordinaria capacidad de adaptación. Parece claro que la expansión en el número de genes de las cianobacterias está relacionada con su colonización del medio terrestre, mucho más fluctuante en sus condiciones ambientales que el acuático. Además, se ha encontrado que una fracción sustancial de estos nuevos genes proceden de la transferencia genética horizontal.

Pero, además, las cianobacterias tienen una peculiaridad, que es la clave para entender la prodigiosa evolución y multiplicidad de la vida en nuestro planeta: su tendencia a asociarse con otros organismos. Ya hemos contado que los cloroplastos de todas las plantas y algas tie-

nen como origen a cianobacterias asimiladas en procesos de endosimbiosis, por lo que todo el reino vegetal surge de esta asociación. Aunque
de forma no tan íntima, también hay cianobacterias viviendo en el interior de hojas de helechos u otras plantas. En estos casos, lo que la
planta hospedante aprovecha no es la fotosíntesis de las cianobacterias,
sino su capacidad de fijar nitrógeno atmosférico para formar compuestos químicos utilizables en la síntesis de proteínas y enzimas. Resulta
paradójico que el cuarto elemento más importante en la materia orgánica, después del carbono, el oxígeno y el hidrógeno, sea tan extraordinariamente abundante, pero tan difícil de utilizar. El 78% del aire que
respiramos es nitrógeno molecular, N_2, pero pasa por nuestros pulmones sin alterarse lo más mínimo y vuelve a ser expulsado por la respiración. Nuestra única forma de captar el nitrógeno necesario para sintetizar casi todas las moléculas orgánicas indispensables, proteínas,
enzimas, ácidos nucleicos, hemoglobina, etc., es consumir plantas y animales ricos en moléculas nitrogenadas; es decir, para sintetizar nuestras
propias proteínas tenemos que comernos las proteínas de los demás. Lo
mismo sucede con los hongos. En el caso de las plantas, necesitan que el
nitrógeno esté en el suelo en forma de nitrato o amonio para que pueda ser incorporado. La disponibilidad de nitrógeno asimilable ha sido
hasta hace muy poco uno de los principales factores limitantes para el
desarrollo de cualquier organismo y, por lo tanto, una de las fuerzas de-
terminantes en la selección natural.

El nitrato o el amonio, asimilables por las plantas, que luego se con-
vertirán en fuente de proteínas para animales, han sido generados pre-
viamente por algunos tipos de bacterias especializadas. A este proceso
de transformación del nitrógeno atmosférico en formas químicas utilizables por las plantas se le denomina «fijación». Hasta principios del
siglo xx la fertilización natural, la fijación, que finalmente se acumula
en forma de hojarasca o excrementos, era la única fuente de nitrógeno
para el incremento de la producción de las cada vez más extensas tierras de cultivo. Sin embargo, en 1914, el químico alemán Heber, asociado con el industrial Bosch, desarrollaron un sistema de fijación industrial, energéticamente costoso, pero que se ha extendido de forma
imparable desde entonces. Hoy en día, más de la mitad del nitrógeno
disponible es de origen industrial. Eso quiere decir que el ser humano

ha multiplicado por dos la cantidad de fertilizante nitrogenado disponible en nuestro planeta. Probablemente, este sea el cambio ecológico más profundo, a nivel global, provocado por nuestra especie.

Las cianobacterias integradas, en simbiosis, dentro de algunas plantas y hongos, actúan como un fertilizador incorporado y suponen una evidente ventaja evolutiva para sus hospedantes. Sin embargo, no está claro cuál es el beneficio para un ser tan autosuficiente de asociarse con otros organismos. Tal vez busque protección frente a posibles predadores, o un ambiente estable, un refugio, en el que vivir y reproducirse, eludiendo las fuertes oscilaciones de temperatura y humedad que se producen en el exterior.

1.1

Simbiosis *Azolla-Anabaena*. Un diminuto helecho flotante protagonista del mayor cambio climático de los últimos 60 millones de años

Hay que reconocer que la idea de un pequeño helecho que flota libremente en lagos y marismas resulta chocante. Con razón relacionamos los helechos con los bosques o como mucho con roquedos húmedos, pero no con ambientes acuáticos. Así es, efectivamente, para la inmensa mayoría de las más de 12.000 especies de helechos conocidas en el mundo; pero hay una excepción: el género *Azolla*. Aquí se agrupan solo seis o siete especies (aún no existe un consenso taxonómico absoluto) con características comunes: todas ellas flotan libremente en agua dulce y todas son diminutas, provistas de unas hojitas de solo unos milímetros que se unen entre sí mediante raicillas, para formar una alfombra verde sobre la lámina de agua, integrada por miles o millones de individuos (figura 1.1). Entre sus hábitats favoritos están los extensos arrozales del sureste asiático, donde, desde hace milenios, se ha relacionado este verdín flotante con la fertilidad de los suelos. Los campesinos permiten que esta capa de *Azolla* flotante vaya depositándose en el fondo del arrozal a medida que los pequeños helechos van muriendo. Su sabiduría ancestral les indica que, a partir de este cieno verde, la nueva cosecha de arroz crecerá con fuerza; y así hasta tres o cuatro veces al año.

Es el sistema de producción agrícola más eficiente del mundo y lleva siéndolo desde el Neolítico. No en balde, esta es la región que desde hace miles de años concentra a más de la mitad de la población mundial. Este abono verde es capaz de aportar por sí mismo, sin agroquímicos ni fertilizantes industriales, hasta 1200 kg de nitrógeno por hectárea en condiciones óptimas, según la FAO (Food and Agriculture Organization of the United Nations). No es de extrañar que este pequeño helecho haya sido venerado desde la antigüedad, como demuestra un templo vietnamita dedicado al monje budista Khong Minh Khong, al que tradicionalmente se atribuye el descubrimiento del efecto biofertilizador de *Azolla*.

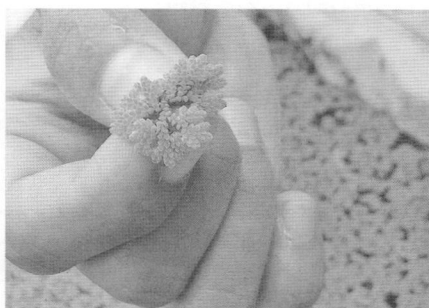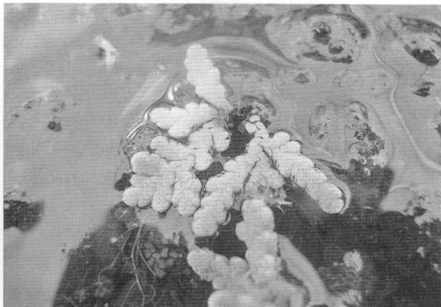

Figura 1.1.—El helecho flotante *Azolla*, ramificado y cubierto de hojitas.

Lo que no podía saber el sabio budista, ni las decenas de generaciones de campesinos asiáticos que se sucedieron milenio tras milenio, es que el secreto de esta especie de portento agrícola reside en el interior de las hojitas de *Azolla*. En la base de estas hojas se forma una cavidad, un recipiente microscópico, que proporciona un ambiente óptimo para el desarrollo de una floreciente población de cianobacterias del género *Anabaena* (figura 1.2). Sus células se agrupan en inconfundibles cadenitas, dentro de una funda transparente y gelatinosa. La mayoría de estas células muestran un característico color verde azulado, debido a sus pigmentos fotosintéticos, pero de vez en cuando se intercalan células algo más grandes, con pared más gruesa y sin pigmentos. Son los denominados «heterocistes» y en ellos actúa la enzima nitrogenasa para conseguir la transformación de nitrógeno atmosférico, molecular (N_2), a nitrato y amonio, asimilables por la propia cianobacteria y por la planta hospedante para generar aminoácidos, proteínas, enzimas y un sinfín de otras moléculas orgánicas, incluyendo la clorofila. De manera que no son las hojitas de *Azolla* por sí mismas las responsables de la fertilización de los arrozales, ni siquiera lo son las cadenitas verde azuladas de *Anabaena*. solo en los heterocistes, que como perlas oscuras de vez en cuando interrumpen el collar de cuentas verdes, encontramos la explicación última del enorme éxito de los cultivadores de arroz. Es extraordinario que colosos como las sucesivas dinastías del Imperio chino, o el sinfín de reinos surgidos en las orillas de los grandes ríos himalos, se levanten sobre pies tan diminutos. Sin embargo, aún resulta más extraordinario que esta singular asociación de un helecho flotante con los collares de perlas de *Anabaena* haya provocado el mayor cambio climático acaecido en nuestro planeta durante la última era geológica.

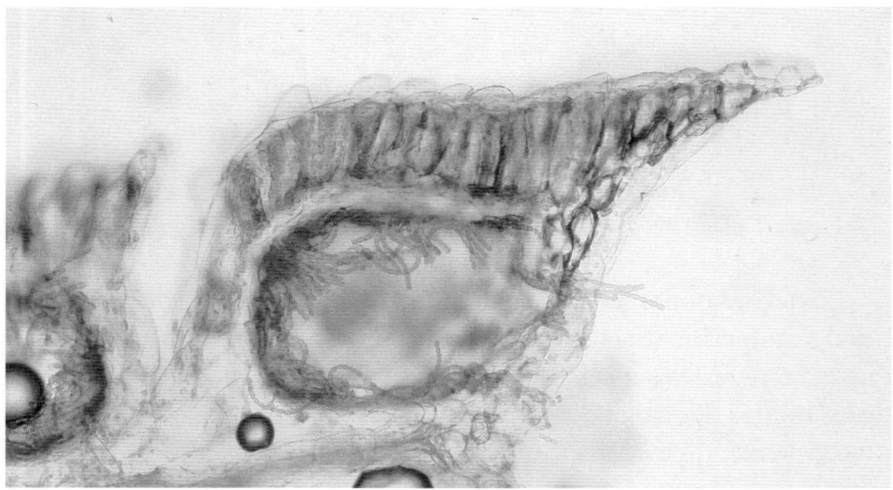

Figura 1.2.—Sección de una hojita de *Azolla* mostrando la cavidad en la que se alojan colonias de *Anabaena*.

Evento *Azolla*. El enfriamiento global

En el año 2004 la expedición oceanográfica Arctic Coring Expedition (ACEX), durante sus perforaciones del lecho marino ártico, encontró una enorme acumulación de restos fósiles de *Azolla* en una latitud por completo inesperada. Además, la aparición de estos fósiles coincidía en el tiempo con el final del denominado «clima invernadero», que desde la era de los dinosaurios dominaba nuestro planeta, con temperaturas mucho más cálidas que las actuales. Los científicos de ACEX propusieron un fantástico relato para compaginar ambos fenómenos.

Hace 50 millones de años, el océano Ártico mostraba una geografía algo diferente a la actual. Sobre todo, era un mar mucho más cerrado, con solo una angosta apertura al exterior, el estrecho Turgay, algo similar a lo que sucede hoy en día con el mar Negro. Numerosos y caudalosos ríos desembocaban en este mar polar muy poco turbulento, creando una capa superficial, menos densa, de agua dulce. Un lago flotando sobre el océano que permitía la proliferación de plantas acuáticas continentales, muy especialmente de *Azolla*. Gracias al ilimitado suministro de nitrógeno a partir de su simbionte, el pequeño helecho dominaba esta vegetación flotante sobre la capa de agua dulce. Una situación extravagante que se mantuvo durante casi un millón de años. Este tiempo fue suficiente para que una inmensa cantidad de CO_2 fuera absorbido por los millones de kilómetros cuadrados de verde océano Ártico. Sin embargo, aunque en el Eoceno el Ártico era un mar cálido, geográficamente estaba situado sobre el polo norte. Esto significa que estaba sometido a los mismos meses de oscuridad que en la actualidad durante la larga noche invernal. La prolongada falta de luz provocaba la muerte de la mayor parte de los helechos flotantes, que se hundían y depositaban en el fondo oceánico. Habitualmente, hay todo un mundo en el fondo marino (el bentos) que consume y descompone la lluvia orgánica que llega desde la superficie. Pero en el Ártico eocénico la falta de turbulencia había ocasionado una extremada estratificación del agua, de forma que las zonas profundas quedaban aisladas de cualquier renovación y oxigenación. El tenebroso mundo bentónico era, además, en este caso, asfixiante, anóxico. Pocos microorganismos son capaces de sobrevivir en estas condiciones y, desde luego, resultaron insuficientes para descomponer la enorme biomasa que les caía encima cada invierno. Así pues, las grandes cantidades de CO_2 convertidas en materia orgánica por la fotosíntesis de *Azolla* quedaron además secuestradas en el lecho marino. El resultado fue un brusco descenso en la concentración de CO_2 en la atmósfera, que pasó de más de 3000 partes por millón a las aproximadamente 250 ppm, que, con oscilaciones, se ha mantenido hasta la revolución industrial. Como consecuencia, se produjo un profundo cambio climático. El planeta transitó desde un superefecto invernadero, con inmensos bosques siempre verdes que se extendían hasta latitudes polares, al mundo relativamente frío, con polos permanentemente congelados y largos períodos glaciares que caracteriza el clima de los últimos millones de años. Una sola y diminuta planta fue capaz de alterar de forma drástica y permanente el clima del mundo. Sin duda una lección de humildad, pero también de prudencia, para nuestra propia especie.

1.2

Cianobacterias en simbiosis con cícadas. Un dinosaurio en el jardín

Entre las muchas perplejidades que suele provocar un primer acercamiento a la botánica, no es una menor el hecho de que, a semejanza de los animales, algunos árboles produzcan espermatozoides flagelados para su fecundación. Se trata de las gimnospermas (plantas con semillas, pero sin frutos) más primitivas, cícadas y *ginkgos*. Aunque mucho menos conocidas que sus parientes más evolucionados, las coníferas, ambas se cultivan con profusión en parques y jardines de todo el mundo, porque son consideradas plantas atractivas, con algo de atávica elegancia. El *ginkgo* es bastante popular debido a sus hojas expandidas en forma de pequeños abanicos verdes, que tornan a amarillo dorado en otoño. Las cícadas tienen el aspecto de palmeras enanas, con grandes hojas que surgen como penachos en el extremo de un tronco corto, con el limbo dividido simétricamente en estrechos foliolos punzantes. La analogía con las palmeras es, sin embargo, puramente superficial, porque desde un punto de vista evolutivo tienen tan poco que ver como un cocodrilo con un conejo.

Ginkgos y cícadas surgieron en la convulsa época de transición entre el Paleozoico y el Mesozoico, hace unos 250 millones de años, cuando todos los continentes estaban unidos en una sola gran masa emergida denominada Pangea. Su devenir en la tierra fue paralelo al de los dinosaurios. Como ellos, heredaron el mundo después de la monstruosa extinción del Pérmico, la mayor que ha conocido nuestro planeta y que acabó con el 80% de los animales y las plantas. De igual forma, proliferaron por todas partes, generando miles de especies, hasta la siguiente gran extinción, la del Cretácico, hace 66 millones de años. Al contrario que los dinosaurios, estos antiguos árboles no se extinguieron totalmente, aunque sus poblaciones y su diversidad quedaron drásticamente reducidas. De forma extrema en el caso de los *ginkgos,* que cuentan con una sola especie en la actualidad, *Ginkgo biloba,* y no tan radical en las cícadas, de las que se conocen unas 140 especies, restringidas en su mayor parte a localidades subtropicales del hemisferio sur.

Estas elegantes «palmeritas», estos dinosaurios verdes, tan frecuentes en nuestros jardines, desarrollaron una estrategia de asociación simbiótica que probablemente contribuyó a su supervivencia en el devastado mundo de principios del Mesozoico. Como en el caso de los helechos flotantes, estas plantas alteran su anatomía para alojar una comunidad de cianobacterias filamentosas, en este caso del género *Nostoc,* y beneficiarse de su inagotable suministro de nitrato y amonio a partir de nitrógeno atmosférico. En las cícadas, sin embargo, el refugio para cianobacterias no se produce en la superficie, en las hojas, sino en el interior del suelo. Consiste en un tipo especial de raíces, que, al contrario de lo que es habitual, muestran un geotropismo negativo, es decir, crecen hacia la superficie, en lugar de hacia abajo. A estas raíces anómalas, que además están abundantemente ramificadas, se las conoce como «raíces coraloides». Las cianobacterias proliferan en el interior de estas raíces, acumulándose en la capa cortical, en una zona bien delimitada, anular, en una sección transversal, perfectamente reconocible a simple vista. Debido a que en este ambiente subterráneo se desarrollan en total oscuridad, es de suponer que la planta hospedante proporciona a la cianobacteria simbionte los carbohidratos necesarios para su metabolismo. Pero aún no están totalmente aclarados estos íntimos intercambios, que han tenido 250 millones de años para ajustarse de forma eficiente y sutil.

1.3

La simbiosis *Nostoc-Gunnera,* una potente bomba de nitrógeno en el hemisferio sur

En pocos lugares del mundo, el clima, las montañas y la vegetación confluyen de forma tan majestuosa como en la Patagonia. Un cielo, siempre cambiante, expone un catálogo de nubes suficiente para ilustrar un atlas de meteorología: altos cirros cruzan la bóveda celeste, mientras nubes lenticulares se forman sobre la cordillera; cortinas de lluvia pasan veloces sobre los cerros rocosos, entre los que se deslizan azules lenguas de hielo cuarteado; al lado mismo del hielo, frondosos bosques visitados por cotorras y colibríes cubren las laderas hasta donde la altura y el viento los clarean en favor de los duros pastos patagónicos. El viento, sempiterno, aturde e hipnotiza. Solo en el interior del bosque encontramos cierta calma. Aquí, nos vemos obligados a enfocar más de cerca, a admirar la extraordinaria diversidad de musgos y líquenes que tapizan troncos y ramas, con una abundancia que solo acontece en los lugares más prístinos y naturales del planeta. Estas tierras australes son todavía un paraíso, inmaculado y bello, un legado que estamos obligados a transmitir a las generaciones venideras.

En muchas ocasiones, el bosque patagónico aparece tapizado por una alfombra verde, tejida por una planta de brillantes hojas redondeadas, que domina los claros y que puede extenderse hasta el mismo borde del hielo. Se trata la *Gunnera magellanica,* una angiosperma (planta con flores y frutos), que junto a otras 60 especies constituye la familia *Gunneraceae*, distribuida principalmente en el hemisferio sur. Este es el único grupo de angiospermas que forma simbiosis con cianobacterias y todas sus especies son susceptibles de establecer esta asociación.

El extremo sur de Sudamérica es probablemente el lugar donde la simbiosis *Gunnera-Nostoc* ejerce un papel más determinante en el ecosistema. Se dice que esta zona recibe el agua de lluvia más pura del mundo. Efectivamente, por encima de 40° de latitud sur la lluvia es muy pobre en nutrientes, pues las masas de aire en su recorrido circumplanetario no han tocado ningún continente y por tanto no se han podido enriquecer en polvo impregnado de fertilizantes nitrogenados. A la misma latitud en la que se concentra buena parte de la población y de la

Figura 1.3.—Bosques entre glaciares en las montañas de Tierra del Fuego (Chile).

actividad industrial y agrícola del hemisferio norte, en el sur solo encontramos las tierras patagónicas de América y las islas de Nueva Zelanda. Los bosques de Tierra de Fuego, los más meridionales del mundo, dependen más que ningún otro del planeta de la fijación biológica de nitrógeno atmosférico (figura 1.3). No es de extrañar que estos bosques sean ricos en cianobacterias, que se asocian con musgos, helechos e incluso hongos. Pero es su simbiosis con *Gunnera magellanica* la que enriquece el suelo de forma tan decisiva que, a pesar de la pobreza en nutrientes procedentes de la lluvia y de la temperatura, cercana al punto de congelación durante la mayor parte del año, la tasa de crecimiento vegetal es casi igual a la de bosques de latitudes subtropicales; de hecho, ha sido en los profundos fiordos glaciares de Tierra del Fuego donde se ha medido una de las mayores tasas de fijación de nitrógeno del mundo, hasta 300 kg por hectárea y año, superior al nitrógeno aportado en muchos campos abonados con fertilizantes químicos y cercana a las tasas

Figura 1.4.—*Gunnera magellanica* colonizando el suelo recientemente
descubierto por el retroceso glaciar.

de fijación de los nódulos de leguminosas, en climas mucho más benignos (figura 1.4).

La entrada de las cianobacterias en la planta hospedadora se realiza a través de unas glándulas producidas en la base del peciolo de las hojas. En todas las especies de *Gunnera* estas glándulas producen un mucílago rico en carbohidratos y proteínas. Además, su superficie adquiere un brillante color rojo, gracias a la abundante presencia de antocianinas y otros flavonoides. Esta es la puerta de acceso al interior de la planta de los filamentos de *Nostoc*, pero también puede ser el origen de nuevas infecciones, mediante la contribución de pájaros o insectos atraídos por el llamativo color rojo y el nutritivo mucílago, de forma que las pegajosas colonias de *Nostoc* adheridas al animal visitante son dispersadas a otras plantas aún no colonizadas, en un proceso análogo al de la polinización.

Una vez producida la infección, tanto la planta como particularmente la cianobacteria experimentan profundas transformaciones morfológicas y fisiológicas. Las células de la planta hospedadora disuelven sus paredes celulares, lo que permite la penetración intracelular de *Nostoc,* que a su vez desorganiza sus filamentos y multiplica por diez el número de heterocistes, las células fijadoras de nitrógeno molecular. Parece probable que la planta o las condiciones microambientales creadas en su interior disparen la transcripción del gen encargado de la diferenciación de estas células especializadas. Poco después, las células de la planta reconstruyen sus paredes y la infección queda establecida. A partir de este momento, la producción de mucílago en la glándula se reduce sustancialmente y se genera una cubierta cortical que la separa del exterior (figura 1.5).

Gunnera magellanica, el componente esencial en los bosques patagónicos, es una planta herbácea y de pequeño porte, con hojas de tan solo unos pocos centímetros de diámetro, pero más al norte, en climas más templados, tiene parientes gigantescos. En Chile, a la altura de los grandes bosques de lluvia de Valdivia y Puerto Mont, podemos cruzarnos con caminantes que se protegen de la incesante precipitación sosteniendo por el peciolo enormes hojas redondeadas de más de un metro de diámetro. Pertenecen a *Gunnera tinctoria*, una de las más grandes especies de este género. *Gunnera manicata*, de Brasil, es incluso mayor; de hecho se trata de una de las plantas herbáceas más grandes del mundo. Llega a tener varios metros de altura y hojas de hasta dos metros de diámetro. Hay otras grandes *Gunnera* salpicadas por las dispersas tierras del hemisferio sur, que hace 200 millones de años estaban reunidas en el enorme continente de Gondwana. Las especies de *Gunnera*, como los restos arqueológicos de una antigua civilización, nos permiten enlazar los fragmentos de este mundo perdido, que en su apogeo reunió una superficie de tierra como nunca ha existido desde entonces al sur del Ecuador.

Resulta sorprendente que una al menos de estas especies tan australes se haya convertido en una plaga al otro lado del mundo. Al oeste de Irlanda, el paisaje húmedo y verde, batido una y otra vez por las borrascas atlánticas, no parece haber cambiado de forma sustancial a lo largo de cientos de años. Empero, una mirada más atenta descubre que

Figura 1.5.—Sección de los nudos en la base de las hojas de *Gunnera magellanica*.
Las manchas oscuras corresponden a las colonias de *Nostoc*.

alguno de sus principales componentes es totalmente exótico. Los grandes macizos de rododendros en flor, que de forma tan pintoresca delimitan campos y trepan por las colinas, proceden en realidad de la provincia española de Cádiz. Se trata de *Rhododendron ponticum*, llevado por los británicos, junto con el jerez, a sus jardines y casas de campo, tanto por la facilidad de su cultivo como por la belleza de sus flores. Ciertamente, este vistoso matorral se daba tan bien en la costa occidental de Gran Bretaña e Irlanda que muy pronto saltó de los jardines al monte, extendiéndose con gran éxito en tan solo unas décadas. En las vaguadas con suelo muy húmedo o encharcado, aún encontramos una vegetación más extravagante. Las enormes hojas de *Gunnera tinctoria*, nuestro gigante chileno, cubren grandes extensiones en feliz asociación con *Nostoc punctiforme* y de paso enriquecen el suelo con unos 100 kg de nitrógeno por hectárea y año, que, de momento, no es utilizable por ninguna otra planta, incapaz de penetrar en este denso y áspero herbazal de varios metros de altura. No se sabe cómo llegaron hasta aquí las primeras plantas o semillas de *G. tinctoria*; sin duda fue algo involuntario, una consecuencia más del intenso tráfico marítimo y aéreo entre continentes. El hecho es que esta gran hierba se esté convirtiendo también en un problema en algunas zonas costeras de Francia, Portugal y las islas Azores. Es muy peligroso mezclar lo que la tectónica de placas había separado.

1.4

GEOSIPHON-NOSTOC, LA ÚNICA ENDOSIMBIOSIS INTRACELULAR ENTRE ALGAS Y HONGOS

Todo es extraño y excepcional en esta pareja de organismos. Empezando por la extrema rareza del hongo *Geosiphon pyriformis* en la naturaleza. Solo en una reducida zona de campos de cultivo y colinas boscosas del centro de Alemania (región de Bibergemünd) puede considerarse este hongo como relativamente abundante. De la mayoría de sus otras localidades, donde fue descubierto y observado en el siglo xix, parece haber desaparecido para siempre. Al principio se describió como una pequeña alga en forma de vesícula porque estaba llena de orgánulos verdes que se interpretaron como cloroplastos. Fue en 1933 cuando el científico alemán Edgar Knapp se dio cuenta de la naturaleza simbiótica de este organismo y de que en realidad se trataba de un hongo con algas en su interior. Estas algas fueron posteriormente identificadas como la ya conocida cianobacteria *Nostoc punctiforme*.

G. *pyriforme* pertenece a un grupo de hongos, los Cladonia, que veremos más adelante, pues forman simbiosis con las raíces de más de las dos terceras partes de todas las plantas conocidas. Estos hongos se caracterizan por tener filamentos (hifas) no tabicados en células seriadas, es decir, no son pluricelulares, sino plurinucleados («sifonales»), algo no muy común en la naturaleza. *Geosiphon* consiste en una red de filamentos muy ramificada y paralela con respecto a la superficie del suelo, a partir de la cual se desarrollan unas vesículas de 1 a 2 mm de longitud que alcanzan la superficie. Estas vesículas están hinchadas a alta presión y contienen un mucílago citoplásmico, con numerosos núcleos, vacuolas y mitocondrias que se mueven libremente. La presión de la vesícula es soportada por una gruesa y elástica membrana de quitina. Cerca de la superficie vesicular se encuentran las colonias de *Nostoc*, formando las típicas cadenas de células pigmentadas, con heterocistes intercalados. Por lo tanto, en este caso el hospedante aprovecha tanto la capacidad del alga para fotosintetizar y convertir moléculas de CO_2 en carbohidratos como la habilidad de los heterocistes para fijar nitrógeno molecular. Estas vesículas permanecen funcionales durante unos meses, antes de degenerar y descomponerse. Nuevas algas son descubiertas en el suelo e integradas en los filamentos, que darán lugar a nuevas vesículas, en un ciclo que puede mantenerse durante muchos años.

El estudio genético de *Geosiphon* ha permitido aclarar algunos aspectos de las interacciones entre hongos y plantas, esenciales para la evolución de la vida en tierra firme. Por ejemplo, se ha demostrado recientemente la transferencia horizontal, de organismo a organismo, de genes de cianobacterias a las secuencias de ADN del hongo, lo que supone un extraordinario ajuste molecular en esta íntima relación entre huésped y hospedante que puede servir de ejemplo para otras simbiosis.

Es interesante señalar las muchas dificultades encontradas para el cultivo de *Geosiphon* en laboratorio. Solo cuando se emplearon medios muy pobres en nutrientes, especialmente en fósforo, se consiguió mantener el delicado equilibrio simbiótico entre hongo y alga. Es posible, por tanto, que la superfertilización de los campos europeos esté detrás de la paulatina desaparición de esta asociación excepcional. En cualquier caso, *Geosiphon* muestra, por un lado, la capacidad de la vida para organizarse a partir de un patrón no celular y, por otro, la remarcable habilidad de las cianobacterias para prosperar dentro del citoplasma de una enorme variedad de organismos.

1.5

Cianobacterias en simbiosis acuáticas

Las cianobacterias en simbiosis intracelular con diatomeas muestran de forma incontrovertible la realidad de la teoría de la endosimbiosis sostenida por Lynn Margulis. Las diatomeas son algas unicelulares planctónicas, de vida libre en océanos y agua dulce. Se caracterizan por su caparazón de sílice, en lugar de carbonato cálcico, que es lo habitual en la mayoría de los organismos marinos. Su papel en los ecosistemas acuáticos, y singularmente en los mares polares y subpolares, es muy notable. Baste decir que son el alimento fundamental del kril, las pequeñas gambitas que luego forman la base nutricional de focas, pingüinos y ballenas. Una vez completado su ciclo de vida, las cubiertas silíceas, casi indestructibles, se hunden hasta el fondo oceánico, creando enormes paquetes sedimentarios. En ocasiones, y debido a procesos tectónicos, estos sedimentos blanquecinos, con textura de tiza, afloran en superficie y constituyen la denominada «tierra de diatomeas», que se explota de forma industrial, sobre todo para la confección de sistemas de filtrado y nuevos materiales.

Las diatomeas son habitualmente fotoautótrofas, autosuficientes a partir de la fotosíntesis producida en sus dos grandes cloroplastos. Sin embargo, existen algunas especies que incorporan cianobacterias dentro de sus células: las pertenecientes al género *Epithemia*, de arroyos y lagos de montaña, y *Climacodium frauenfeldianum*, una diatomea marina. Los más recientes estudios moleculares indican que la cianobacteria involucrada en todos los casos pertenece al género *Cyanothece*, una cianobacteria sin heterocistes, pero capaz de fijar nitrógeno, por lo que su contribución a la simbiosis consistiría, probablemente, en el suministro de nitrógeno a la célula hospedadora. Esta posibilidad se ve reforzada por el inmediato declive de esta asociación simbiótica ante cualquier incremento de fertilización artificial en las aguas, un problema que ha sido detectado y monitorizado en las montañas californianas.

Otras diatomeas integran en su interior a cianobacterias con heterocistes del género *Richelia*, una eficiente fijadora de nitrógeno en las aguas oceánicas más profundas. Su asociación con la diatomea fotosisntetizadora, de diferentes géneros, es la causante de los grandes afloramientos (*blooms*) de diatomeas en las pobres aguas de las regiones tropicales.

Las simbiosis entre cianobacterias y organismos marinos están muy extendidas y son especialmente abundantes tanto con algas como con animales. Sin embargo, la investigación de estas asociaciones tan frecuentes apenas se encuentra en sus inicios y aún puede esperarse muchos nuevos hallazgos en el futuro.

En el ambiente marino se conocen simbiosis de cianobacterias con esponjas, radiolarios, gusanos y ascidias, entre los animales, y dinoflagelados y macroalgas, entre los organismos fotosintetizadores. En los animales las cianobacterias proporcionan fotosintatos y en el caso de fotoautótrofos su función está más relacionada con la fijación de nitrógeno. La interacción entre cianobacterias y esponjas es especialmente frecuente en todos los océanos del mundo. Hasta 38 géneros de esponjas y 4 de cianobacterias se encuentran involucrados. En general, las cianobacterias ocurren de forma extracelular y proporcionan al hospedador carbohidratos fotosintetizados, habitualmente en forma de glicerol. Hay esponjas totalmente dependientes de la cianobacteria simbiótica para su supervivencia y crecimiento y otras que solo la aprovechan como un suplemento nutritivo.

1.6

BRIÓFITOS Y CIANOBACTERIAS

Las pequeñas plantas que, en términos generales, se conocen como briófitos, corresponden a tres grupos bien delimitados y de muy antiguo linaje: los musgos (división *Bryophyta*), las hepáticas (div. *Marchantiophyta*) y los antoceros (div. *Anthocerotophyta*). Todos ellos son susceptibles de asociarse con cianobacterias, a veces actuando simplemente como sustrato para su crecimiento (cianobacterias epífitas), en otros casos albergándolas en su interior (cianobacterias endófitas), si bien habitualmente de forma extracelular. Casi siempre la cianobacteria implicada pertenece al género *Nostoc*.

Los antoceros son seguramente el grupo de briófitos menos conocido, especialmente en regiones secas, como buena parte de España, casi inhabitables para estos delicados organismos. Existen unas 250 especies de antoceros distribuidas por todo el mundo, que en bosques especialmente húmedos pueden formar un césped continuo de varios metros cuadrados. Son los restos de una estirpe que tuvo su momento de gloria hace 400 millones de años, al comienzo de la colonización de la tierra firme. Probablemente, desde estos tiempos remotos la mayoría de las especies de antoceros forman simbiosis endofíticas con *Nostoc*, lo que pudo contribuir a su éxito para crecer en las entonces estériles tierras emergidas.

La facilidad para cultivar por separado los dos simbiontes y luego regenerar la simbiosis en el laboratorio ha convertido a la asociación *Anthoceros-Nostoc* en un caso preferente de estudio para comprender el desarrollo morfológico y funcional de la simbiosis con cianobacterias y poder extrapolar los resultados a otras simbiosis con otras plantas, como cícadas o guneras.

En hepáticas y musgos la simbiosis no está tan extendida. Solo un pequeño porcentaje presenta esta asociación de forma habitual, pero, como son mucho más diversos que los antoceros, encontramos centenares de especies asociadas con *Nostoc* u otros géneros. En el caso de los musgos, las cianobacterias suelen vivir como epífitos, rellenando los intersticios entre las apretadas hojitas, pero en el género *Sphagnum* colonizan el interior de algunas células y, por lo tanto, son auténticas endosimbiosis intracelulares. Sin embargo, las células colonizadas, denominadas hialinas, son solo carcasas sin citoplasma, que ofrecen un buen habitáculo para *Nostoc*, pero en las que no se produce un auténtico intercambio de nutrientes. De cualquier forma, se ha demostrado que las comunidades de *Sphagnum* asociadas con *Nostoc* muestran unas tasas de crecimiento significativamente mayores que las se encuentran libres de colonización.

La presencia de cianobacterias creciendo sobre musgos es especialmente frecuente en regiones frías, polares o subpolares. En las Montañas Transantárticas, a una latitud de 86°S, se han observado densas colonias de la cianobacteria *Calothrix* creciendo entre las apretadas almohadillas de *Bryum* y *Grimmia*. En los bosques de *Nothofagus* que bordean los glaciares de la cordillera Darwin (Tierra del Fuego), *Nostoc* crece sobre prácticamente cualquier musgo, incluidos los primitivos antoceros, especialmente abundantes en estos húmedos y fríos bosques, y lo encontramos también dentro de las células de *Sphagnum magellanicum*, que forma inmensas turberas en las mesetas y fondos de valle. En el mismo ecosistema, es un simbionte intracelular de la angiosperma *Gunnera magellanica* y, por si fuera poco, forma parte de numerosas especies de líquenes, como veremos a continuación. Puede decirse que en estas remotas regiones australes *Nostoc* ha explorado las posibilidades de asociación simbiótica con todos los grandes grupos filogenéticos vegetales.

1.7
HONGOS Y CIANOBACTERIAS: CIANOLÍQUENES

Como ya se indicaba en la introducción, los líquenes son el origen del propio concepto de simbiosis. Para el hongo (micosimbionte), su íntima asociación con un alga (fotosimbionte), cianobacteria o alga verde supone un cambio radical en su estructura y forma de vida. Pasa de ser un moho disperso y frágil, sensible a la pérdida de humedad y a la luz intensa, a convertirse en un ser de múltiples formas y colores, longevo, estable y perfectamente adaptado para soportar la alternancia entre periodos de hidratación y actividad con otros de intensa desecación y suspensión metabólica. Muchas especies, además, muestran una extraordinaria resistencia a radiaciones muy elevadas, incluso a la luz ultravioleta. Toda una insospechada revolución en el mundo de los hongos. Más del 85% de las aproximadamente 20.000 especies de líquenes tienen como fotosimbionte a un alga verde y por eso se les dedicará un capítulo completo más adelante. Aquí mencionaremos tan solo algunos aspectos singulares de los líquenes en los que intervienen cianobacterias.

Los cianolíquenes pueden encontrarse en la mayoría de los ecosistemas terrestres del mundo, desde zonas polares a desiertos y bosques tropicales. Incluso pueden llegar a vivir de forma subacuática, como *Halographis runica*, un auténtico liquen submarino. Desde el punto de vista estructural, pueden presentar una organización más sencilla que la de los líquenes con algas verdes. Por ejemplo, en *Collema* y *Leptogium* no se forman capas bien delimitadas y la población de cianobacterias aparece más o menos dispersa dentro del liquen. Sin embargo, en otros casos, como *Peltigera* o *Lobaria*, sí se forman capas perfectamente definidas, análogas a las de las hojas, con zonas corticales, fotosintetizadoras y medulares, de forma similar a lo que ocurre en la mayoría de los líquenes con algas verdes.

En la mayoría de las simbiosis vegetales la diversidad está sumamente desequilibrada entre ambos socios: uno de ellos parece experimentar algo así como una explosión evolutiva, mientras el otro se comporta de una forma muy conservadora, manteniendo casi invariable a lo largo del tiempo un número muy reducido, aunque eficiente, de especies. Hemos visto cómo solo unos cuantos tipos de cianobacterias, *Nostoc* y *Anabaena* en su mayor parte, protagonizan simbiosis con un número y una variedad extraordinaria de organismos. Lo mismo sucede con los líquenes integrados por algas verdes, en los que miles de especies de hongos se reparten unas pocas decenas de especies de algas. En este sentido, los cianolíquenes son una excepción; la diversidad de cianobacterias implicadas es considerable y se reconocen numerosos géneros: *Calothrix*, *Chroococcidiopsis*, *Gleocapsa*, *Nostoc*, *Scytonema* y *Stigonema* son los más importantes y agrupan tanto a cianobacterias filamentosas como unicelulares. Es probable que esta elevada diversidad esté relacionada con el remoto origen de esta simbiosis. El fósil más antiguo que se conoce de algo que pueda calificarse inequívocamente como liquen corresponde casi seguro a un cianoliquen del Devónico, hace 400 millones de años. La impronta fósil recuerda mucho a las cianobacterias actuales de los géneros *Gleocapsa* o *Chroococcidiopsis*. Este fue un hallazgo realmente excepcional, ya que, dada su naturaleza fúngica, los líquenes no fosilizan con facilidad. De hecho, en un elegante giro en el punto de vista habitual, hemos llegado a conocer indirectamente algo de la morfología de los líquenes del Jurásico, gracias al mimetismo alcanzado por algunas especies de insectos, que sí han fosilizado, en cuyas alas o en cuyo cuerpo han construido formas similares a los líquenes de su entorno como una forma de camuflaje, una estrategia que se mantiene en especies actuales.

Pero no es posible catalogar sin más a los líquenes en dos grupos definidos por su fotosimbionte. Hay muchas especies en las que el hongo se asocia al mismo tiempo con algas verdes y con cianobacterias. Son los conocidos como líquenes tripartitos. Algo así como un tres en uno biológico. En el mismo multiorganismo se reúnen las tres grandes vías metabólicas de la naturaleza: la respiración, la fotosíntesis y la fijación de nitrógeno. A veces, como sucede en el género *Placopsis*, las zonas del liquen con uno u otro fotosimbionte están perfectamente delimitadas.

Figura 1.6.—*Pseudocyphellaria* mostrando individuos asociados con algas verdes y otros, pardo-azulados, asociados con cianobacterias.

En otras ocasiones, por ejemplo en algunas especies del género *Pseudocyphellaria* (figura 1.6), ambos se reparten equitativamente en el cuerpo del liquen y solo se distinguen cuando se hidratan, pues la zona con cianobacterias adquiere un tono verde azulado oscuro y la zona con algas verdes un tono verde brillante. A estas quimeras liquénicas se les llama «fotosimbiodemos» y constituyen una interesante rareza de bosques de lluvia australes, que han sido objeto de estudio por parte de ecólogos y ecofisiólogos, especialmente en Nueva Zelanda.

La principal limitación ecológica de los cianolíquenes con respecto a los líquenes con algas verdes es su absoluta dependencia del agua líquida para su revitalización. Esto les excluye de lugares secos, pero con elevada humedad atmosférica, como determinados desiertos costeros o techos y extraplomos rocosos protegidos de la precipitación y la escorrentía. Seguramente también tiene que ver con su total ausencia en la

Antártida continental, donde el agua líquida es tan infrecuente como en los desiertos más extremos del mundo.

1.8

LA EVOLUCIÓN EN MARCHA: CIANOBACTERIAS TRANSFORMÁNDOSE DE ENDOSIMBIONTES A ORGÁNULOS CELULARES

El último gran descubrimiento en el fascinante mundo de las simbiosis intracelulares hubiera hecho muy feliz a Lynn Margulis. Un equipo internacional liderado por el profesor Tyler H. Coale, de la Universidad de California, acaba de publicar (abril de 2024), en la revista *Science,* evidencias muy claras sobre un extraordinario proceso de simbiogénesis. En el alga marina unicelular *Braarudosphaera bigelowii* se han encontrado cianobacterias simbióticas fijadoras de nitrógeno, denominadas por los autores UCYN-A, que han ido perdiendo su independencia metabólica, como consecuencia de la simplificación de su ADN, hasta el punto en que muchas de las proteínas necesarias para su crecimiento han de ser suministradas por la célula hospedante. Exactamente el mismo proceso que en endosimbiosis precedentes sucedió con las mitocondrias y los cloroplastos. Como en ellos, la UCYN-A coordina su multiplicación y su crecimiento con la célula que la alberga y es transferida a las células hijas. Así, este alga unicelular, abundante en el plancton marino, contiene cloroplastos para su fotosíntesis, mitocondrias para su respiración y «nitroplastos» para la fijación de nitrógeno. Todos ellos son orgánulos celulares procedentes de la endosimbiosis, pero los últimos son la adquisición más reciente y aún muestran todos las estadíos intermedios en la transición desde cianobacterias independientes a componentes obligados en la estructura celular del alga.

BIBLIOGRAFÍA RELACIONADA

Arróniz Crespo, M. (ed.), (2014). Bryophyte–cyanobacteria associations during primary succession in recently deglaciated areas of Tierra del Fuego (Chile). *PLoS ONE, 9(5):* e96081. doi:10.1371/journal.pone.0096081.

Benavent-González, A. et al. (2019). High nitrogen contribution by *Gunnera magellanica* and nitrogen transfer by mycorrhizas drive an extraordinarily fast primary succession in sub-Antarctic Chile. *New Phytologist, 223*: 661-674. doi: 10.1111/nph.15838.

Bergman, B. (2002). The *Nostoc–Gunnera* symbiosis. In: Rai ,A. N., Bergman, B., Rasmussen, U. (eds.), Cyanobacteria in symbiosis. *Springer Netherlands*, 207-232.

Chang, A. C. G. et al. (2019). Perspectives on Endosymbiosis in Coralloid Roots: Association of Cycads and Cyanobacteria. *Frontiers in Mycrobiology*. doi: 10.3389/fmicb.2019.01888.

Chen, M. Y. et al. (2021). Comparative genomics reveals insights into cyanobacterial evolution and habitat adaptation. *The ISME Journal*, 15: 211-227. https://doi.org/10.1038/s41396-020-00775-z.

Coale, T. H. et al. (2024). Nitrogene-fixing organelles in a marine alga. *Science*, 384: 217-222. http://doi.org/10.1126/science.adk1075

Demoulin, C. F. et al. (2024). Oldest thylakoids in fossil cells directly evidence oxygenic photosynthesiss. *Nature*. https://doi.org/10.1038/s41586-023-06896-7.

Green, A., Schroeter B., y Sancho L. G. (2007). *Plant Life in Antarctica. Functional Plant Ecology*, 2.ª ed. (eds. Francisco Pugnaire, Fernando Valladares). 389-434.

Honegger, R., Edwards, D., y Axe, L. (2013). The earliest records of internally stratified cyanobacterial and algal lichens from the Lower Devonian of the Welsh Borderland. *New Phytologist, 197*: 264-275. doi: 10.1111/nph.12009.

MacArthur, R. H., y Wilson E. O. (1967). *The Theory of Island Biogeography*. Princeton University Press.

Malar, M. et al. (2021). The genome of Geosiphon pyriformis reveals ancestral traits linked to the emergence of the arbuscular mycorrhizal simbiosis. *Current Biology*, 31: 1570-1577. https://doi.org/10.1016/j.cub.2021.01.058.

Rai, A. M., Bergman, B., y Rasmussen, U. (2002). *Cyanobacteria in Symbiosis*. Kluver Academic Publishers.

Retallack, G. J. (2022). Ordovician-Devonian lichen canopies before evolution of woody trees. *Gondwana Research*, 106: 211-233. https://doi.org/10.1016/j.gr.2022.01.010.

Speelman, E. N. et al. (2009). The Eocene Arctic Azolla bloom: environmental conditions, productivity and carbon drawdown. *Geobiology, 7*: 155-170.

Taylor, T. N., Hass, H., y Kerp, H. (1997). A cyanolichen from the lower devonian rhynie chert. *American Journal of Botany*, 84(8): 992-1004.

2

LAS ALGAS MICROSCÓPICAS ENTABLAN UNA ESTRECHA RELACIÓN CON NUMEROSOS ORGANISMOS ACUÁTICOS

«*Evolution is not a ladder; it's a branching tree.*
Symbiosis is not an exception; it's a rule»
SCOTT GILBERT

«La evolución no es una escalera, es un árbol frondoso.
La simbiosis no es la excepción, es la regla»
(TRADUCCIÓN DEL AUTOR)

Los dinoflagelados (zooxantelas) y los invertebrados marinos, una atracción irresistible

El curioso caso de las medusas invertidas. *Cassiopea* y *Symbiodinium*

En la mitología griega, Casiopea era la vanidosa esposa del rey Cefeo, la madre de Andrómeda. Según la leyenda, Casiopea se consideraba a sí misma y a su hija más hermosas que todas las ninfas marinas, lo que enfureció a Poseidón, quien la condenó a dar vueltas sin cesar alrededor de la estrella polar, atada a una silla en el cielo. En un guiño a esta constelación, los zoólogos franceses Perón y Lesueur bautizaron a un grupo de medusas que a menudo se quedan fijas en el fondo marino en lugar de nadar libremente como *Cassiopea*. Esto ocurrió a principios del siglo xix, cuando la mitología se encontraba de moda para nombrar nuevos seres vivos que se descubrían continuamente. Sin embargo, estos científicos, que se esforzaron en describir minuciosamente a estos organismos en su monumental obra sobre las medusas del mundo, no se dieron cuenta de que lo que estaban observando era una simbiosis, lo que explicaba el inusual comportamiento de estas diosas translúcidas condenadas al sedentarismo.

Las medusas del género *Cassiopea* se parecen a todas las demás por su aspecto característico de campana o sombrilla («umbrela»), con tentáculos colgando en su parte inferior. *Cassiopea* desarrolla ocho tentáculos más o menos ramificados provistos de células urticantes, «cnidocitos», que sirven como defensa y también para facilitar la captura de pequeñas presas. Lo que hace extraordinaria a *Cassiopea* es que en estos tentáculos se desarrollan también vesículas o papilas, de un llamativo color verde azulado o marrón, que están repletas de un alga, *Symbiodinium*.

Se trata de un fotosimbionte extraordinariamente abundante en los océanos y que volveremos a encontrar de forma muy relevante en los arrecifes coralinos. Pertenece al antiguo y aislado grupo de los dinoflagelados (división *Dinophyta*), algas eucariotas (con núcleo y orgánulos celulares como mitocondrias y cloroplastos) que parecen proceder de los primeros procesos de endosimbiosis. En vida libre son una fracción muy considerable del plancton marino e incluso del de agua dulce. Sus células resultan inconfundibles, porque están provistas de una coraza interna, constituida por placas de celulosa articuladas, una especie de chaleco antibalas por debajo de la camisa, que en este caso sería la membrana celular. Además, poseen dos flagelos, uno de ellos enrollado como un cinturón alrededor de la célula, y el otro longitudinal, y por lo tanto perpendicular al anterior. Es un método bastante sofisticado para conseguir un movimiento multidireccional en la columna de agua.

Pero todas estas características diferenciales desaparecen cuando *Symbiodinium* penetra en el interior de la medusa o de los pólipos coralinos. Como fotosimbionte sus células pierden las placas de celulosa

Figura 2.1.—*Cassiopea*, la medusa inversa, exponiendo sus tentáculos cargados de zooxantelas a la luz.

y los flagelos y adquieren una forma esferoidal que facilita su empaquetamiento en el interior del hospedante. En este estado endosimbiótico fueron descubiertas y descritas como *zooxantelas* (en latín *zooxanthellae*), que aún se utiliza de forma coloquial para describir a estas células verde amarillentas que viven en el interior de estas medusas y pólipos. Pero sus hospedantes incluyen un amplio rango de invertebrados marinos, como anémonas, moluscos, esponjas y los maravillosamente coloreados gusanos planos (platelmintos). Las zooxantelas son realmente ubiquistas y en buena medida responsables de la absorción de CO_2 y por lo tanto de la productividad de los océanos.

Cassiopea obtiene la mayor parte de su alimento a partir de la fotosíntesis de sus zooxantelas. Para facilitarles el trabajo, *Cassiopea* se da la vuelta y se fija de cabeza en el fondo marino poco profundo, es decir, pega su campana o umbrela al fondo y expone sus tentáculos a la luz. Por eso a *Cassiopea* se le llama también «medusa invertida» (figura 2.1). En esta postura se recarga de carbohidratos y así genera su alimento, su propio pan. Para hacer el bocadillo algo más sabroso, de vez en cuando se despega del fondo y se dedica a cazar pececillos o larvas de moluscos con sus tentáculos, como hacen las demás medusas. A veces, *Cassiopea* aterriza sobre un crustáceo, un cangrejo o una langosta, que se la lleva de paseo por el fondo, feliz de que los tentáculos urticantes de la medusa le protejan frente a posibles depredadores. Este conjunto un tanto extravagante de *Cassiopea*, *Symbiodinium* y cangrejo es un buen ejemplo del éxito de las interacciones y de la cooperación entre seres totalmente distintos.

Almejas gigantes y zooxantelas

La almeja gigante (*Tridacna gigas*) es el mayor de todos los moluscos. Llega a pesar más de 200 kg y a medir 1,20 metros de lado a lado. Está presente solo en los mares cálidos, habitualmente como parte de la rica comunidad ligada a los arrecifes coralinos. No se encuentra a una profundidad mayor de 20 metros y esto es debido a que la luz resulta imprescindible para su crecimiento. De hecho, este enorme animal marino se ha formado en su mayor parte a partir de la fotosíntesis de sus zooxantelas. Probablemente se trate del ejemplo más contundente sobre lo nutritiva que resulta este tipo de simbiosis.

Este gran molusco bivalvo es totalmente sedentario. Al amanecer, abre lentamente su concha, de bordes ondulados, exponiendo el manto a la luz (figura 2.2). El manto exhibe unos colores iridiscentes en fantásticas combinaciones que compiten en atractivo con los corales de alrededor. Justo en el borde, hay cientos de pequeñas manchas ópticas de tan solo unos milímetros, sensibles a la luz. Gracias a ellas la almeja puede orientar su manto de forma óptima según la posición del sol. En su interior viven miles de millones de zooxantelas. El molusco proporciona a su fotosimbionte nitrógeno y otros elementos esenciales, además de ofrecerle un ambiente estable y protegido. A cambio, las zooxantelas generan los fotosintatos (carbohidratos) que resultan imprescindibles para el crecimiento del gigante. Como en el caso de *Cassiopea*, la dieta es suplementada por pequeños seres planctónicos.

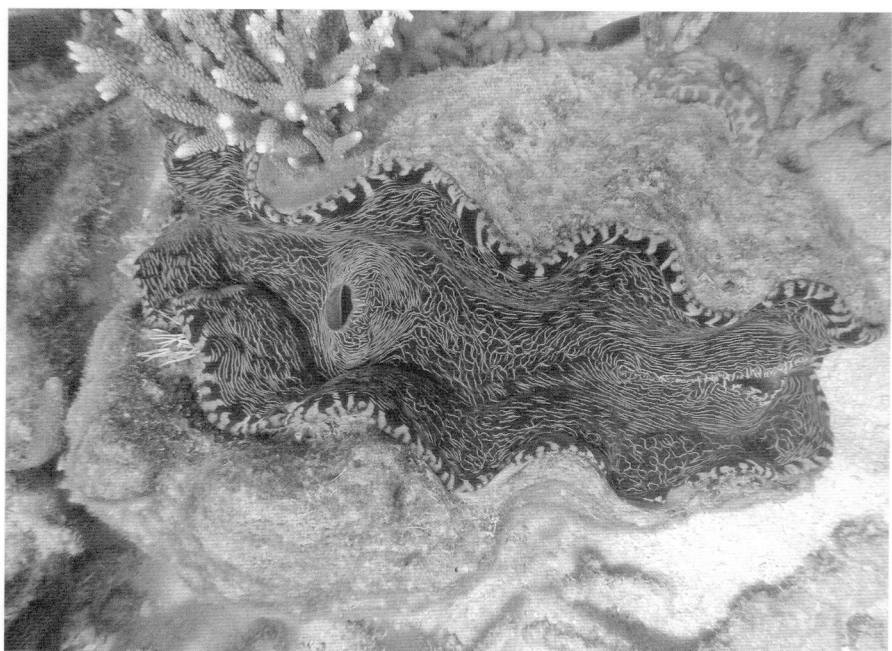

Figura 2.2.—Borde ondulado de la concha de una almeja gigante, con manchas ópticas donde se alojan millones de zooxantelas.

Por desgracia, esta enorme almeja no escapa de la codicia humana. Su carne es muy apreciada en muchas cocinas de Francia, Japón y Asia oriental. Sus grandes conchas, de interior nacarado, se han usado como elementos decorativos en jardines e incluso como pilas bautismales. Aunque formalmente protegidas, en la actualidad se sigue comerciando con ellas en el mercado negro. Lo que es peor, su músculo abductor es considerado en China como poseedor de efectos afrodisiacos, lo que, en un caso similar al de los cuernos de rinoceronte, las está llevando al borde de la extinción.

La pesca excesiva está afectando especialmente a las poblaciones de almeja gigante de los mares de China, Taiwán y algunas áreas indo-pacíficas. En los años 80 un barco taiwanés que pescaba ilegalmente fue sorprendido con más de tres toneladas, no de las almejas completas, sino solo de su músculo abductor. Lo que significa que cientos de ellas habían sido sacrificadas y sus restos desechados arrojados al mar. Las anclas y arrastres empleados para extraerlas del fondo han contribuido también a la destrucción de todo su hábitat. Será difícil que las almejas gigantes se recuperen en estas zonas destrozadas. Estos moluscos tienen que formar grupos apretados para que su reproducción tenga éxito. Son hermafroditas, pero no pueden autofertilizarse, de manera que los óvulos y espermatozoides que producen deben cruzarse con los de otro individuo, que no puede estar muy lejos. Hace tan solo doscientos años, las grandes almejas tapizaban el fondo marino en colonias de varios kilómetros cuadrados. Hoy en día se están creando santuarios, como en las islas Palaos (República de Palau), para proteger a los últimos especímenes.

Esponjas, zooxantelas y el inesperado origen de la malaria

Symbiodinium se asocia frecuentemente con esponjas en mares cálidos de todo el mundo. Normalmente establece una simbiosis de mutuo beneficio, mutualista, en la que, a cambio de los fotosintatos generados por el alga, el animal, la esponja, aporta otros nutrientes, ambiente estable y protección. Sin embargo, en la esponja *Cliona orientalis,* muy abundante en los arrecifes coralinos indo-pacíficos, se ha descrito una interesante transición al parasitismo. Contra todo pronóstico, cuando estas esponjas se mantienen en acuarios en total oscuridad, *Symbiodinium* no pierde su capacidad de crecimiento ni de reproducción. En esta situación se habría convertido en un parásito, puesto que ya no aporta la fotosíntesis al balance metabólico con su hospedante. Esta habilidad para pasar del estilo de vida fotoautótrofo al parasitismo es una notable cualidad en este tipo de algas y puede explicar el origen de una de las plagas más letales de la humanidad.

La malaria o paludismo afecta a más del 5% de la población mundial, sobre todo en países tropicales, y lleva haciéndolo desde el mismo origen de nuestra especie. Es una pandemia permanente y gigantesca que en la actualidad suma más de 300 millones de enfermos y cerca de medio millón de fallecimientos al año, más de la mitad infantiles. Como es bien sabido, el agente infeccioso de la malaria es un protozoo, *Plasmodium*, inyectado en el torrente sanguíneo por la picadura de mosquitos. Una de las características más curiosas de este parásito es la presencia en sus células de un cloroplasto relicto, el «apicoplasto»; es decir, este parásito de la sangre de vertebrados terrestres sería una antigua alga que, con su cloroplasto atrofiado, se ha adaptado a un nuevo medio líquido, oscuro y cálido, en el que se alimenta de la hemoglobina de los glóbulos rojos. En cuanto a su origen, estudios genéticos moleculares han demostrado la estrecha relación filogenética entre el apicoplasto de *Plasmodium* y los cloroplastos de los dinoflagelados. Tal vez estos avances en el conocimiento de la auténtica naturaleza de este terrible patógeno permitan una mejor estrategia preventiva y terapéutica.

2.2

ALGAS VERDES Y SUS MÚLTIPLES ASOCIACIONES SIMBIÓTICAS EN EL MAR Y EN AGUA DULCE

Elysia, una babosa de mar ladrona de cloroplastos y otros amigos

Elysia chlorotica es un pequeño gasterópodo marino, de apenas tres centímetros de longitud, con un cuerpo delicado y ondulante terminado en una testa coronada por dos cuernecillos (figura 2.3). Nada que llame demasiado la atención y, en realidad cuesta localizarlo entre los grandes bosques de algas en las costas del Atlántico Norte, donde habita desde la península ibérica a Noruega y desde Florida a Groenlandia. Sin embargo, su forma de alimentación es realmente excepcional. Vive sobre todo pastando en la superficie de un alga parda intermareal, *Vaucheria litorea*. Este alga, de hasta medio metro de longitud, muy corriente en estos ambientes costeros de aguas frías, se caracteriza por la estructura cilíndrica y esponjosa de sus ramificaciones, en cuyo interior no existen divisiones intercelulares. Los apretados filamentos, que constituyen la base de su anatomía, son tubos sin fin, por los que circulan libremente núcleos, mitocondrias y cloroplastos. *Elysia* repta sobre el alga y con su boca succionadora ingiere el jugo celular, como cualquier otra babosa o caracol. Pero *Elysia* no digiere los cloroplastos engullidos, en lugar de eso los asimila he incorpora al interior de sus células, sin que por

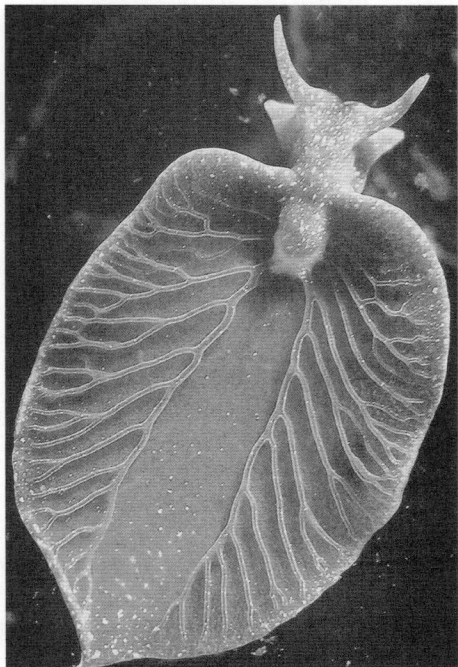

Figura 2.3.—*Elysia chlorotica*. Su característico color verde se debe a los cloroplastos acumulados por cleptosimbiosis.

ello pierdan su funcionalidad fotosintetizadora. A partir de este robo descarado de unidades productivas, *Elysia* se convierte en un animal fotoautótrofo. Casi todo el alimento que necesita para su metabolismo es proporcionado por los cloroplastos de *Vaucheria*. Cuando estos van disminuyendo, su rendimiento o muriendo, *Elysia* no tiene más que volver a visitar su alga favorita y hacerse con un puñado de cloroplastos frescos.

Es un caso extraordinario de endosimbiosis intracelular a la carta. Cuando las condiciones ambientales lo requieren, *Elysia* se convierte en una babosita fotosintetizadora. Durante la reproducción sexual, parece que la cleptomanía de *Elysia* se ve especialmente estimulada y que la cantidad de huevos producidos y su porcentaje de viabilidad dependen del éxito en el robo de cloroplastos. Estos huevos son, además, depositados en diminutas espirales sobre la superficie de *Vaucheria*, para que las larvas vayan familiarizándose con la que será su principal suministradora de cloroplastos cuando crezcan.

Esta curiosa estrategia de cleptosimbiosis (simbiosis por robo) o cleptoplastia (robo de cloroplastos) fue descrita por primera vez en *Elysia*, pero se ha descubierto después en muchas otras babosas y caracoles marinos, como la encantadora *Costasiella kuroshimae*, la oveja de mar. Esta babosita marina, de tan solo medio centímetro de longitud, vive restringida a las costas de Japón, Indonesia y Filipinas. Se alimenta de todo tipo de algas verdes y, como en el caso de *Elysia*, se queda con los cloroplastos sin digerirlos. Para maximizar su producción fotosintética, los distribuye en multitud de apéndices que sobresalen desde su dorso. Para redondear su atractivo, *C. kuroshimae* es bioluminiscente. Una pequeña maravilla que sin duda se encuentra entre los organismos marinos más famosos y fotografiados (figura 2.4).

También se conoce la cleptosimbiosis en ciertos nudibranquios, babosas marinas con las branquias desnudas y expuestas al exterior, que llegan a arrebatar las zooxantelas a los pópilpos coralinos, incorporándolas como fuente de carbohidratos. Como *Elysia*, todos estos gasterópodos son fáciles de mantener en condiciones de laboratorio, por lo que se han convertido en objeto preferente en investigaciones sobre el comportamiento de los simbiontes y sobre posibles transferencias horizontales de material genético, un aspecto aún muy controvertido.

Figura 2.4.—*Costasiella kuroshimae*, la oveja de mar, con sus apéndices dorsales repletos de cloroplastos robados. Fuente: iStock.com/Kittisak Songprakob.

Chlorella, un alga para todo

Podría decirse que las algas verdes unicelulares del género *Chlorella* representan en las simbiosis de agua dulce un papel similar al de los dinoflagelados en agua marina. Establecen asociaciones con todo tipo de animales sedentarios en el fondo de lagos y ríos; esponjas, pólipos, moluscos y otros tipos de animales filtradores son sus hospedadores habituales. Además, es simbionte intracelular en algunos protozoos ciliados y excepcionalmente en ciertos foraminíferos marinos.

Como alga de vida libre, *Chlorella* tiene un aspecto poco remarcable. Sus células son esféricas, sin flagelos ni cilios. Tampoco presentas capas protectoras de ninguna clase, como cubiertas de sílice o carbonato. Posee un único cloroplasto, tan grande que ocupa buena parte del espacio celular. Su facilidad de cultivo en laboratorio, donde solo requiere agua, luz y pequeñas cantidades de minerales, la han convertido en objeto preferente para investigación en fotosíntesis y en una pesadilla para los aficionados a los acuarios domésticos. Melvin Calvin, de la Universidad de California, recibió en 1961 el Premio Nobel en química por dilucidar las vías de fijación de CO_2 en las denominadas «reacciones oscuras» de la fotosíntesis, a partir cultivos de *Chlorella*, en un ciclo que desde entonces lleva su nombre.

Su rápido crecimiento y enorme eficiencia para convertir la luz en hidratos de carbono, similar a la de los cultivos más productivos, han hecho plantearse su utilización como nueva fuente de alimentación e incluso su posible uso como biocombustible. Sin embargo, la aparición de diversos problemas ligados al cultivo a gran escala ha frenado hasta ahora su utilización. En la actualidad, *Chlorella* se comercializa en numerosas formas, como superalimento complementario a la dieta o como medicina alternativa.

Aunque hasta ahora hemos asumido que el principal beneficio del hospedante en las fotosimbiosis es el aporte nutricional que procede de la conversión de CO_2 en carbohidratos mediante el empleo fotoquímico de la luz, hay al menos un caso en que el aprovechamiento más importante consiste en el uso del oxígeno producido en la fotosíntesis. Se trata de un gusano, *Phaenocora typhlops*, que vive en fondos de estanques o lagos muy pobres en oxígeno. Asociado a *Chlorella* incrementa notablemente su tasa de oxigenación y de metabolismo, pero sigue alimentándose de otros pequeños animales, por lo que no depende del suplemento nutricional de su fotosimbionte. Hay otros gusanitos, sin embargo, que se vuelven totalmente fotosintéticos.

Un gusanito verde en la arena de las playas atlánticas

El color de este gusano de apenas 5 mm de longitud llamó la atención de los naturalistas ya en el siglo XIX. Cerca de la estación de biología marina de Roscoff en Bretaña (Francia), investigadores británicos y franceses observaron con asombro las «células clorofílicas» que proliferaban en su interior. Más tarde, un zoólogo alemán de la Universidad de Graz (Austria) le dio el nombre de *Convoluta roscoffensis*, como tributo a la estación de biología donde se estudió por primera vez. En la actualidad, para desgracia de los que aspiran a memorizar nombres científicos, la nomenclatura correcta es *Symsagittifera roscoffensis*.

El fotosimbionte responsable de su brillante color es un alga verde unicelular del género *Tetraselmis*, muy frecuente tanto en agua dulce como en el mar. En vida libre estas células son propulsadas por cuatro flagelos y representan un aporte significativo al fitoplancton y por lo tanto al ciclo del carbono en ecosistema acuáticos. Los gusanitos de *S. roscoffensis* recién salidos del huevo, todavía blancos, también incluyen células de *Tetraselmis* en su dieta. Pero, como en el caso de *Elysia* y los cloroplastos de *Codium*, las células del alga no son digeridas, sino englobadas en vacuolas intracelulares y mantenidas como fotosimbiontes. En este estado la morfología de *Tetraselmis* cambia drásticamente, perdiendo su esfericidad y sus flagelos. El contorno celular se vuelve irregular, convirtiéndose en un orgánulo más de las células del hospedador. Se han descrito diferentes especies de *Tetraselmis* como posibles fotosimbiontes, pero es *T. convolutae* el preferido por *S. roscoffensis*, cuando le es posible elegir.

Las células adultas de *S. roscoffensis* siempre contienen algas simbióticas. Sin su aporte nutricional no es capaz de sobrevivir y mucho menos de completar la reproducción sexual y poner huevos viables. Por otro lado, como veíamos en *Chlorella*, el gusano aprovecha también el aporte de oxígeno producto de la actividad de su fotosimbionte, que le resulta especialmente útil en ambientes arenosos hipóxicos.

La estrecha interacción nutricional entre estos dos simbiontes se manifiesta de forma extraordinaria en la habilidad del alga para reciclar los compuestos nitrogenados excretados por el animal. Se ha demostrado una interdependencia entre la actividad fotosintética y la producción de aminoácidos a partir del ácido úrico segregado por el hospedador. El resultado es un sistema casi perfecto, prácticamente cerrado y autosuficiente, en el que el gusano ni siquiera excreta desechos al exterior.

La salamandra, ¿un vertebrado fotosintetizador?

Efectivamente, la salamandra moteada del este de Norteamérica, *Ambystoma maculatum* (figura 2.5), es el único vertebrado conocido que establece simbiosis con algas. Aunque, para ser más precisos, no son los individuos adultos los que se asocian con algas, sino los primeros estadíos en el desarrollo de su fase larvaria, aún en el interior de los huevos. Este anfibio pasa desapercibido en la naturaleza, porque vive la mayor parte del tiempo enterrado en el suelo húmedo del bosque. Sin embargo, coincidiendo con los primeros días cálidos de la primavera, los adultos reproductores emergen en masa buscando charcas y estanques. En este medio acuático las hembras depositan paquetes gelatinosos que contienen de 50 a 100 huevos. Al poco tiempo, los huevos, al principio transparentes, adquieren un característico tono verdoso.

Figura 2.5.—La salamandra moteada de Norteamérica, cuya fase larvaria establece simbiosis con algas verdes unicelulares. Fuente: iStock.com/JasonOndreicka y iStock.com /Wirestock.

Desde hace tiempo se conocía la relación mutualista entre los embriones y las células de algas verdes que viven en el interior de los huevos, pero se pensaba que la proliferación de algas se limitaba a la envoltura fluida del embrión, es decir, se trataría de una simbiosis externa («ectosimbiosis»). Sin embargo, en 2011, un grupo de biólogos encabezado por Ryan Kerney, de la universidad de Halifax (Nueva Escocia, Estados Unidos), descubrió que en realidad el interior de las células del embrión de salamandra estaba también intesamente colonizado por algas unicelulares de diferentes especies de *Oophila* o *Chlamidomonas*, cuya taxonomía está aún en estudio. Desde entonces, nuevas evidencias han reforzado nuestra percepción sobre el carácter endosimbiótico de esta asociación.

La simbiosis *Ambystom*a-*Oophila/Chlamidomonas* es claramente de beneficio mutuo. Los embriones de salamandra se benefician del incremento en la concentración de oxígeno causada por la fotosíntesis de las algas, en un medio hipóxico debido a la mínima renovación del aire en las aguas estancadas del bosque elegidas por la salamandra para realizar sus puestas. En contrapartida, el alga se beneficia del amonio excretado por los embriones, que se convierte en su principal fuente de nitrógeno, y del CO_2 producido por la respiración. Para los embriones, la asociación con las algas verdes parece ser obligada, ya que los huevos mantenidos en oscuridad y, por lo tanto, sin algas, abortan de forma temprana y no llegan a eclosionar.

Es posible que esta simbiosis intracelular aparezca también en los huevos de otros anfibios. En cualquier caso, queda mucho por investigar sobre la relación que se establece entre estos dos simbiontes, especialmente en lo que se refiere a la transferencia molecular entre ellos, incluyendo posibles intercambios de DNA.

....

Bibliografía relacionada

Allemand, D., y Furla, P. (2018). How does an animal behave like a plant? Physiological and molecular adaptations of zooxanthellae and their hosts to symbiosis. *C. R. Biologies, 341*: 276-280.

Arisue, N., Hashimoto, T., Kawai, S., Honma, H., Kume, K., y Horii, T. (2019). Apicoplast phylogeny reveals the position of *Plasmodium vivax* basal to the Asian primate malaria parasite clade. *Scientific Reports, 9*: 7274.

Barnett, C. (2021). *The Sound of the Sea. Seashells and the Fate of the Oceans.* W.W. Norton & Company.

Fang, J. K. H., Schönberg, C. H. L, Guldberg, O. H., y Dov, S. (2017). Symbiotic plasticity of *Symbiodinium* in a common excavating sponge. *Mar Biol, 164*:104.

Fast, N. M., Kissinger, J. C., Roos, D. S., y Keeling, P. J. (2001). Nuclear-Encoded, Plastid-Targeted Genes Suggest a Single Common Origin for Apicomplexan and Dinoflagellate Plastids. *Molecular Biology and Evolution, 18*: 418-426.

Kerney, R. (2011). Symbioses between salamander embryos and green algae. *Symbiosis, 54*: 107-117. DOI 10.1007/s13199-011-0134-2.

Nissen, M., Shcherbakov, D., Heyer, A., Brümmer, F., y Schill, R. O. (2015). Behaviour of the plathelminth Symsagittifera roscoffensis under different light conditions and the consequences for the symbiotic algae *Tetraselmis convolutae*. *The Journal of Experimental Biology, 218*: 1693-1698.

Smith, D. C., y Douglas, A. S. (1987). *The Biology of Symbiosis.* Edward Arnold.

3

LADRILLOS VERDES INTEGRAN EL MAYOR EDIFICIO CONSTRUIDO POR SERES VIVOS EN NUESTRO PLANETA

«Coral reefs represent some of the world's most spectacular beauty spots, but they are also the foundation of marine life: without them, many of the sea's most exquisite species will not survive»
DAVID ATTENBOROUGH

«Los arrecifes coralinos constituyen uno de los lugares más espectaculares del mundo, pero además son la base de la vida marina: sin ellos, la mayoría de las más exquisitas especies no existirían»
(TRADUCCIÓN DEL AUTOR)

«*In nature, nothing exists alone*»
RACHEL CARSON

«En la naturaleza, nada existe en solitario»
(TRADUCCIÓN DEL AUTOR)

LOS ARRECIFES CORALINOS, OASIS DE BIODIVERSIDAD EN LOS DESIERTOS MARINOS TROPICALES

El 1 de abril de 1836, el HMS Beagle se aproximaba a las islas de Cocos, en el océano Índico, una de sus últimas escalas antes de poner rumbo a la islas británicas. Habían transcurrido más de tres años desde que zarpara de Plymouth al mando del capitán Robert Fitz-Roy, con un joven de 22 años, Charles Darwin, como naturalista a bordo. Para entonces, Darwin acumulaba inolvidables vivencias personales y descubrimientos biológicos y geológicos en la Pampa, la Patagonia, Tierra del Fuego y los Andes. Solo hacía unos meses, había tenido la oportunidad de pasar quince días en las islas Galápagos. Estas dos semanas de trabajo de campo habrían de cambiar para siempre nuestro concepto sobre la vida y también sobre nosotros mismos, producto de la misma evolución que todas las demás especies que pueblan la tierra. Es cierto que la idea del origen de las especies por selección natural, surgida en las Galápagos, germinaba sobre un profundo y fértil sustrato, acumulado durante años de observaciones en Sudamérica. En los Andes cercanos a Santiago de Chile, Darwin, con la inestimable ayuda de los *Principios de geología* de Charles Lyell, había comprendido la inmensidad del tiempo geológico, que se cuenta no en miles, sino en millones de años. Por otro lado, un terremoto en Valparaíso le dejó claro el dinamismo de la corteza terrestre, que podía llegar a elevar a las alturas restos de conchas acumulados en los fondos marinos. Los continuos cambios en el registro fósil le habían revelado, además, que la vida había estado siempre sujeta a cambios, a veces catastróficos. El motor de estos cambios, de la evolución, es lo que vislumbró en las Galápagos: la selección natural.

De manera que el biólogo que contemplaba desde el Beagle los atolones de Cocos seguía siendo muy joven, pero podía considerarse ya un naturalista maduro, con mucha experiencia de campo y rebosante de creatividad. Solo así puede comprenderse cómo, con apenas un vistazo, propusiera una teoría sobre el origen y formación de los atolones coralinos que permanece vigente casi dos siglos después. Aunque en aquellos años Darwin no podía conocer la naturaleza simbiótica de los arrecifes coralinos, ni siquiera existía el concepto de simbiosis, sí captó perfectamente su comportamiento. Darwin propuso que estas formaciones, tan peligrosas para la navegación, crecían hacia la luz e intentaban mantenerse cerca de la superficie. Imaginó, correctamente, que los atolones, las islas de coral en forma de anillo, procedían de los arrecifes que rodeaban antiguos volcanes. A medida que estas montañas se hundían, en un proceso que mucho más tarde fue descrito como «subsidencia», el arrecife compensaba esta tendencia creciendo hacia la superficie. Al final, el volcán desaparecía por completo y solo quedaba el anillo coralino que antes colonizaba sus laderas.

Pero el crecimiento de los corales no solo debe compensar el hundimiento de su base en las zonas de subsidencia, también ha de equilibrarse con respecto al aumento del nivel del mar. Aunque en el periodo que llamamos histórico, los últimos siete mil años, el nivel del mar se ha mantenido casi estable, esto no fue así en el pasado. Cuando se fundieron los grandes glaciares de Eurasia y América, al final de la última glaciación, el nivel del mar subió en unos pocos miles de años 120 m. Un aumento tan grande que las plataformas continentales de todo el mundo quedaron inundadas y muchos lugares, como Gran Bretaña e Irlanda, se convirtieron en islas, y puentes terrestres, como el que unía Asia y América por el estrecho de Bering, desaparecieron bajo el agua. En las zonas tropicales, el crecimiento de los corales hacia la luz consiguió compensar esta gran inundación. En las mayores plataformas continentales costeras, como en la región oriental de Australia, se formaron gigantescos campos de coral que avanzaron con las aguas hasta formar la más extensa estructura coralina del mundo: la Gran Barrera. Esto significa que la parte viva de los corales actuales no tiene más de siete u ocho mil años; son ecosistemas posglaciares. Sin embargo, su antigüedad desde el punto de vista evolutivo es muchísimo mayor. Investigaciones recientes muestran que la asociación de *Symbiodinium* con pólipos coralinos se originó hace al menos 160 millones de años, coincidiendo con algunos de los cambios evolutivos más relevantes en los corales.

Figura 3.1.—Típica isla coralina en el archipiélago de las Maldivas.

En todo caso, bien creciendo en horizontal o en vertical, los arrecifes coralinos han construido los mayores edificios de origen biológico de nuestro planeta. Y esto incluye a todas nuestras ciudades e infraestructuras. Solo la Gran Barrera australiana tiene una longitud de 2300 km y ocupa un área de más de 30.000 km^2. Muchas veces este enorme sistema ha sido descrito como el ser vivo más grande del mundo, pero no es el único de dimensiones gigantescas. El llamado «triángulo de coral», el área del Pacífico oriental entre Australia, Indonesia y Asia, abarca 6.000.000 de km^2 y alberga cerca de 20.000 islas, todas coralinas (figura 3.1). En cuanto a los corales que crecen en vertical, llegan a construir montañas submarinas de hasta 500 m de altura, más que muchos de nuestros rascacielos. Recientemente, con ayuda de imágenes de satélite, se ha publicado un mapa muy preciso de la extensión de los ecosistemas de arrecife coralino en el mundo y se ha estimado que abarcan alrededor de 350.000 km^2, una extensión similar a la de Alemania, aunque solo 80.000 km^2 presentan corales con crecimiento activo; es decir, en una superficie marina similar a la de Andalucía se concentra la cuarta parte de la diversidad y la productividad de todos los océanos del mundo (figura 3.2).

3.2

DISTRIBUCIÓN Y ECOLOGÍA

La mayoría de los arrecifes coralinos del mundo, que no de los corales, se forman dentro del sector oceánico delimitado por la isoterma de 20 °C de temperatura superficial mínima del agua, lo que quiere decir que solo pueden desarrollarse en mares cálidos, habitualmente intratropicales, en ambos hemisferios. Naturalmente, las potentes corrientes frías procedentes del sur, Humboldt en la costa oeste de Sudamérica y Benguela en la costa occidental sudafricana, impiden la formación de arrecifes coralinos en estas zonas hasta prácticamente el ecuador. Por supuesto, encontramos arrecifes coralinos en el Atlántico, sobre todo en la región caribeña, pero lo cierto es que el 90% de estas formaciones se desarrollan en la enorme región indo-pacífica. Son raros en las áreas oceánicas afectadas por la desembocadura de grandes ríos, como el Ganges, el Amazonas o el Orinoco, debido tanto a la baja salinidad como a la turbidez provocada por la masiva descarga de sedimentos.

Figura 3.2.—Los arrecifes coralinos son uno de los ecosistemas con mayor biodiversidad del mundo.

Para que un arrecife coralino sea viable, el agua ha de ser lo más transparente posible, para maximizar la cantidad de luz disponible para la fotosíntesis de sus zooxantelas. La turbidez del agua es resultado, en gran medida, de la cantidad de plancton que contenga, es decir, de la cantidad de células y pequeños organismos que se muevan libremente en la columna de agua. Los fotosintetizadores constituyen el fitoplancton, que es la base nutricional para el zooplancton. De esta forma, cuanto mayor sea la cantidad de vida presente en el agua, mayor será su turbidez y menor su transparencia. La densidad de fitoplancton depende de la concentración de CO_2 y de O_2 disueltos en agua. El primero, esencial para la fotosíntesis; el segundo, para la respiración. Una interesante particularidad del agua líquida es que su capacidad de disolución de gases es inversa a su temperatura. A 0 °C, justo antes de su congelación, el agua es capaz de disolver el doble de CO_2 y O_2 que a 40 °C; esto es, el agua fría está mucho más gasificada que el agua templada, un hecho fundamental para entender la distribución de la vida en los ambientes acuáticos. Al revés de lo que sucede en los ecosistemas terrestres, en los océanos un aumento de energía en forma de calor no supone un incremento de biomasa y productividad. Todo lo contrario: el mínimo de clorofila por volumen de agua superficial se produce en las regiones tropicales. Sencillamente, el fitoplancton ve limitada su actividad fotosintética por las bajas concentraciones de CO_2 en el agua. Es la ausencia de plancton lo que confiere a las aguas tropicales su tan publicitado aspecto cristalino. La transparencia es una clara expresión de poca vitalidad. Son las aguas más turbias, con mayores densidades de plancton, extratropicales y polares, las que mantienen los mejores caladeros del mundo y donde los grandes mamíferos marinos, desde focas a ballenas, así como las mayores colonias de aves, encuentran su sustento.

La actividad fotosintetizadora de las zooxantelas y su delicado equilibrio simbiótico con los pólipos coralinos, se vería muy entorpecida por una elevada densidad de fitoplancton. Por eso, estos auténticos desiertos marinos que son las aguas cálidas tropicales son los que ofrecen la mayor transparencia durante todo el año y por ello los preferidos para la instalación de los arrecifes. Por otro lado, el mar abierto, con sus rompientes y el intenso intercambio aire-agua, favorece la mayor disolución de gases y es otro factor favorable para los arrecifes, que suelen prosperar en las costas más expuestas.

3.3

¿Cómo crece un arrecife coralino? Estructura, funcionamiento y reproducción

Como Darwin advirtió, un arrecife coralino crece hacia la luz y se mantiene lo más cerca posible de la superficie. Pero ¿cómo lo hace? Los árboles también crecen y compiten entre ellos por las mejores condiciones de iluminación y lo consiguen mediante la producción de una sustancia muy tenaz, la lignina, el componente fundamental de la madera, que permite grandes construcciones tridimensionales en continuo crecimiento. Sin embargo, ningún organismo marino produce madera. Tanto el crecimiento de arrecifes de coral como de otras formaciones masivas de algas o moluscos se basa en la producción de un cemento calcáreo, más concretamente en la precipitación de carbonato cálcico. Este proceso es muy lento, mucho más que el crecimiento de los árboles, y está delicadamente equilibrado con la fotosíntesis de las zooxantelas.

Una vez más, todo comienza a partir del CO_2 atmosférico. Cuando este gas se disuelve en el agua da lugar a ácido carbónico, H_2CO_3, el cual pasa a bicarbonato, que se disocia en hidrógeno e iones de carbonato. Los iones de carbonato se combinan con iones de calcio para formar carbonato cálcico, casi insoluble en agua, que precipita y forma rocas calcáreas. La eficiencia de esta cadena de reacciones depende en gran medida del pH del agua. Para pH ligeramente básicos (algo por encima de 8), la cantidad de iones de carbonato disponibles para unirse a iones de calcio es mucho mayor que a pH neutros o ligeramente ácidos. Como el pH del agua está inversamente relacionado con la cantidad de CO_2 disuelto, cualquier proceso que disminuya esta concentración favorecerá un aumento de pH y por lo tanto también de precipitación de carbonato cálcico. Aquí es donde interviene la fotosíntesis, que bombea CO_2 hacia los cloroplastos para producir carbohidratos (glucosa y glicerol, principalmente). Así pues, una elevada actividad fotosintética dará lugar a una disminución de CO_2 disuelto en el agua circundante, que incrementará la producción de roca calcárea. De manera que es la fotosíntesis la que permite crecer al coral y mantenerlo orientado hacia los rayos de sol. Se calcula que un arrecife coralino produce una precipitación de 12 kg por metro cuadrado cada año. Un gran ladrillo de caliza de origen biológico que se suma al gigantesco edificio construido lentamente desde el fondo del mar.

En un arrecife cada coral es una colonia formada por una gran concentración de animales sedentarios: los denominados pólipos coralinos. Pueden variar mucho en tamaño, desde menos de un milímetro hasta treinta centímetros, pero su estructura anatómica es considerablemente similar. Un pólipo consta de una zona superior, donde está un orificio rodeado de tentáculos, que conduce a un estómago, y una zona basal o teca que se fija al sustrato. En los corales de arrecife las zooxantelas colonizan por millones el interior de las células presentes en los tentáculos y la región intermedia anterior al estómago, el mesodermo. Se trata, por tanto, de una endosimbiosis intracelular, la forma más íntima de relación entre extraños (figura 3.3).

La actividad fotosintética de la parte superior de los pólipos provoca la precipitación de carbonato cálcico en su base. Milímetro a milímetro, cada pólipo crea su propio pedestal calcáreo y así, generación tras generación, el edificio va renovándose, reparando los daños producidos por el oleaje o los animales predadores, y si es necesario, creciendo para compensar el lento hundimiento del fondo en el que se apoya.

La única posibilidad que existe para que un coral reproduzca simultáneamente a pólipos y zooxantelas es la vía asexual, en un proceso conocido como «gemación». Consiste en el desarrollo superficial de propágulos, que son pólipos en miniatura con zooxantelas en su interior. Estas protuberancias o gemas se desprenden con facilidad del pólipo original y están listas para fijarse en el sustrato y desarrollar una nueva colonia.

Sin embargo, es la reproducción sexual de los pólipos coralinos lo que crea uno de los más famosos espectáculos biológicos del mundo, que atrae a multitudes de turistas y absorbe el trabajo de numerosos científicos. Seguramente se trata de uno de los fenómenos más singulares que puedan disfrutarse en la naturaleza. Los pólipos, como otros cnidarios, son muy eclécticos en cuanto a sus preferencias sexuales. Encontramos corales hermafroditas, bisexuales o dioicos, con sexos separados en individuos masculinos y femeninos. En algunos corales la fecundación se realiza en el interior de los pólipos, dando lugar a un cigoto primero y a partir de aquí a una pequeña larva, «plánula», con cierta capacidad de vida independiente. En muchos otros corales, sin embargo, la fecundación se realiza de forma externa, en la inmensidad de océano. Para que la fecundación tenga éxito, los corales deben coordinar una emisión masiva de óvulos y espermatozoides. La luna es su reloj biológico, aunque el gran festival puede posponerse si el mar se muestra demasiado agitado. Cuando las condiciones son favorables y la época del año es la adecuada, entre los tres a seis días después de la luna llena se produce la mayor emisión de gametos de todo el planeta. Una cantidad inmensa de óvulos perseguidos por espermatozoides a lo largo de muchos kilómetros de arrecife, en lo que puede considerarse como la gran celebración de Afrodita. Una vez que óvulos y espermatozoides se encuentran, se desarrollan las plánulas, de vida breve y muy expuestas a todo tipo de predadores, para los que estas efusiones nocturnas son un auténtico festín. Las más afortunadas consiguen fijarse en un sustrato adecuado y esperar a que un alga unicelular exploradora nade hasta ella y colonice su interior, para así construir una amistad duradera y seguir contribuyendo a crear los inmensos edificios de caliza en medio del mar.

Figura 3.3.—Apéndices terminales de los pólipos coralinos.
Su interior se encuentra densamente colonizado por zooxantelas.

Esta alga nadadora, para ser aceptada, debe pertenecer necesariamente a un dinoflagelado del género *Symbiodinium*, que en el interior del pólipo perderá sus flagelos y sus placas de celulosa, convirtiéndose en una célula verde y globular, la zooxantela. Dentro del pólipo, las zooxantelas se reproducen habitualmente por división, es decir, de forma asexual. De esta forma, millones de ellas van penetrando en las células animales, cambiando su color al verde o marrón, según sus pigmentos predominantes. Sin embargo, en vida libre, *Symbiodinium* mantiene su capacidad de reproducción sexual. En otras endosimbiosis, como los líquenes, veremos también cómo el fotosimbionte sacrifica su reproducción sexual en favor de una población genéticamente homogénea, pero estable.

3.4
DIVERSIDAD Y PRODUCTIVIDAD (LA PARADOJA DE DARWIN)

Cuando el Beagle navegaba de vuelta a casa, entre los trópicos de Cáncer y Capricornio, Darwin, con su admirable sagacidad, se dio cuenta de un hecho llamativo: en esas cálidas aguas indo-pacíficas casi no conseguía ninguna captura para su colección de especímenes; ni plancton, ni peces, ni crustáceos de ningún tipo. Atravesaban un inmenso desierto oceánico. Sin embargo, los atolones y barreras coralíferas desbordaban de vida, diversidad y abundancia a unos niveles desconocidos en otras latitudes. ¿Cómo era posible que en aguas tan pobres se produjeran semejantes oasis? Por supuesto, Darwin no disponía de los elementos necesarios para resolver este enigma, pero lo dejó expuesto con claridad en su cuaderno de viaje y desde entonces se conoce como «la paradoja de Darwin».

Naturalmente la respuesta está en la simbiosis, en la enorme productividad que aportan los millones de zooxantelas asociadas a los pólipos coralinos, con máximos niveles de fotosíntesis gracias a la cristalina transparencia de esas aguas muertas. Sin embargo, incluso las zooxantelas necesitan un mínimo aporte de nutrientes para mantener su metabolismo. Aquí es donde, dentro de esta intricada red de interacciones biofísicas, interviene la geología. Los más extensos y diversos arrecifes coralinos crecen en zonas de subducción, bordes de las placas oceánicas que se hunden por debajo de las placas continentales, lo cual provoca actividad sísmica y emisión de gases que pueden producirse de una forma gradual o violenta, generando los incontables volcanes del cinturón de fuego del Pacífico. Una vez que los volcanes más antiguos van cesando en su actividad, también comienzan a hundirse, pues se levantan sobre una especie de cinta transportadora, la placa oceánica en expansión, que continuamente se sumerge por debajo de la placa continental, en dirección al manto terrestre. Tanto los volcanes como la corteza oceánica en subducción generan una gran cantidad de minerales que, desde el fondo, viajan hacia la superficie. Este pulso de agua frío y rico en nutrientes debe superar el gradiente térmico positivo, pues lo normal es que el agua fría y densa se quede en el fondo. La confluencia de grandes diferencias mareales y turbulencias superficiales provocan lo que se conoce como «ola interna», un potente y vivificador movimiento vertical del agua. La porosidad de las rocas volcánicas favorece esta migración vertical, que fertiliza la parte viva, superficial, del arrecife.

Esta confluencia de agua transparente, simbiosis y actividad geológica produce el milagro. Se calcula que los arrecifes coralinos, que abarcan menos del 0,5% de los océanos, atesoran más de la cuarta parte de toda la diversidad marina, y que su productividad es solo comparable a la de los grandes bosques de algas pardas («kelp») de algunas costas extratropicales, superior incluso a la de las selvas ecuatoriales. Expresado en cifras, cada metro cuadrado de arrecife genera de media 2,5 kg de materia orgánica al año, mientras que cada metro cuadrado de selva produce 2,2 kg. No hay ejemplo más contundente del profundo efecto de una asociación entre extraños, algas unicelulares y animales sobre la biosfera.

Los arrecifes coralinos también establecen una relación de mutuo beneficio con otros ecosistemas. Los manglares, los bosques intermareales tropicales, se benefician del efecto protector frente al oleaje de los arrecifes y estos aprovechan la gran cantidad de nutrientes, sobre todo de moléculas nitrogenadas, aportados por el manglar. Algo similar sucede con las praderas submarinas de *Zostera* y *Posidonia* cercanas a los arrecifes.

Una enorme variedad de peces, más de 4000 de las 6000 especies conocidas, tienen su hogar en el arrecife coralino. En cuanto a los corales, se conocen unas 800 especies formadoras de arrecifes, de las que algo más de 600 se encuentran en el «triángulo de coral», el área de mayor biodiversidad del mundo para estos ecosistemas. Junto a ellos, esponjas, crustáceos, otros muchos pólipos no coralinos, cefalópodos, erizos y estrellas de mar, aves, tortugas y serpientes de mar, proliferan en un número y variedad casi inabarcable. Los recovecos del laberíntico edificio calcáreo están intensamente colonizados por multitud de pequeños invertebrados, gusanos y moluscos, que en ocasiones excavan sus propios refugios, sin por ello producir daños sustanciales en la inmensa estructura coralina. Por supuesto, también las algas macroscópicas son frecuentes en este ecosistema, y compiten con los corales por la luz y el oxígeno disuelto en el agua. En este sentido, diferentes especies de erizos de mar juegan un papel crucial como herbívoros en el control de las expansivas poblaciones de algas. Estudios recientes han corroborado que la elevada biodiversidad en los arrecifes coralinos promueve su estabilidad y su crecimiento y contribuye a controlar la proliferación de las macroalgas.

Un arrecife saludable supone una fuente abundante y sostenible de pescado y son el sustento tradicional de pueblos costeros. El valor económico de los arrecifes, incluyendo su papel en la protección de las costas y como atractivo destino turístico, se ha estimado en más de 300 mil millones de euros al año y se calcula que unos 500 millones de personas se benefician de una u otra forma de su existencia. Es lógico, por tanto, que haya una creciente preocupación y compromiso internacional por su estudio y conservación.

3.5

AMENAZAS Y ESPERANZAS

El milagro de los arrecifes coralinos es el resultado de una maravillosa confluencia de factores geológicos, oceanográficos y biológicos. Pero, precisamente por ello, cualquier alteración en su medio puede dar al traste con un equilibrio ciertamente delicado. El ser humano y, sobre todo, la civilización industrial han originado multitud de trastornos, tanto locales como globales, en estos ecosistemas. Al mismo tiempo, los esfuerzos para su conservación son cada vez más poderosos y coordinados a escala internacional, sobre todo, pero no solo, entre los países directamente afectados.

Un tipo de agresión brutal que han sufrido los arrecifes es su destrucción directa mediante técnicas de pesca agresivas con redes de arrastre o incluso mediante la pesca con envenenamiento empleando cianuro. En muchas ocasiones se han utilizado explosivos para abrir canales accesibles para la navegación. Tampoco podemos olvidar que algunos arrecifes, como los atolones Bikini, fueron el escenario de pruebas nucleares de alta potencia en los años sesenta, cuyas consecuencias en forma de radioactividad aún se mantienen. También, por desgracia, han sido frecuentes los vertidos de sustancias tóxicas o de petróleo. Nuestro conocimiento, percepción y valoración de estos ecosistemas ha mejorado radicalmente en las últimas décadas y hoy sería inimaginable seguir utilizándolos como campo de tiro de todo tipo de armas o volarlos con dinamita o mantener rutas de navegación con sustancias peligrosas en sus cercanías. Sin embargo, otras amenazas más silenciosas, pero mucho más dañinas a nivel global, se ciernen sobre ellos.

El principal problema proviene de los cambios químicos que la actividad humana está introduciendo en la atmósfera y en los océanos. Singularmente, el incremento de CO_2 en el aire provoca desajustes en los corales por dos vías diferentes. En primer lugar, supone una mayor tasa de disolución en el agua, que en principio no debería ser un problema, sino una ventaja para la fotosíntesis, al disponer de más moléculas de CO_2 para la síntesis de carbohidratos. Desafortunadamente, un aumento de este gas en el agua provoca también una disminución del pH, al combinarse para dar lugar a ácido carbónico. Como ya vimos, el proceso de precipitación de carbonato cálcico necesita unas condiciones de pH ligeramente alcalino, superior a 8, que permitan una abundante disponibilidad de iones de carbonato. La acidificación del océano como resultado del incremento de CO_2 impide un eficiente crecimiento y renovación del gran edificio coralino y puede provocar su colapso en zonas de subducción, si no es capaz de compensar el hundimiento de su plataforma de apoyo. Por supuesto, la acidificación también es un gran problema para los múltiples organismos marinos que forman conchas o exoesqueletos a partir de carbonato cálcico. Tristemente, uno de los aspectos más celebrados de los océanos como sumidero de una parte importante del CO_2 generado por las actividades humanas es también uno de sus mayores problemas.

La segunda vía de impacto del incremento de CO_2 en la atmósfera es su conocido papel como gas con efecto invernadero. El aumento de temperatura de la inmensa cubierta líquida del planeta es más lento que el de su atmósfera, por una simple cuestión de diferente calor específico, pero es igualmente implacable. Los océanos se han calentado ya una media de 0,5-1,0 °C, que puede parecer poco, pero que para un medio térmicamente tan estable y extenso es muchísimo. En el caso de los corales, este aumento de temperatura del agua superficial está resultando trágico. Resulta paradójico que un sistema que depende tan estrechamente de las aguas cálidas sea tan sensible al calentamiento. Pero lo cierto es que este fenómeno global parece estar detrás del mayor problema detectado hasta ahora para la supervivencia de los arrecifes coralinos: el blanqueamiento de los corales (*coral bleaching*) (figura 3.4).

El blanqueamiento sucede cuando los pólipos expulsan a sus zooxantelas y adquieren tonalidades pálidas. Pero ¿por qué prescindir del simbionte del que depende en un 90% para su nutrición? Parece suicida romper, así de golpe, una relación que ha funcionado durante millones de años. El problema parece residir en un exceso de actividad fotosintética, provocado por un aumento brusco de temperatura que da lugar, como subproductos de la fotosíntesis, a formas reactivas de oxígeno, que pueden llegar a ser muy dañinas para el hospedante. Podemos imaginar que los pólipos experimentan algo así como un intenso picor, una quemazón insoportable, que les hace responder de forma defensiva y fatal, deshaciéndose de toda su población de zooxantelas. Según las observaciones realizadas, un solo grado de aumento de la temperatura del agua sobre la media es suficiente para que se desencadene el proceso.

Los corales blanqueados pueden sobrevivir un tiempo y eventualmente recuperar su simbiosis con los dinoflagelados si las condiciones ambientales mejoran, pero en muchos casos mueren y su estructura calcárea es colonizada de forma irreversible por algas bentónicas. Un arrecife en esta situación es rápidamente erosionado por el oleaje y tarde o temprano se produce su colapso.

Por si fuera poco, uno de los principales depredadores de corales en la Gran Barrera, la estrella de mar llamada «corona de espinas», es muy resistente a las olas de calor y devora los incipientes pólipos que

Figura 3.4.—Blanqueamiento del coral en la Gran Barrera australiana.
Fuente: iStock.com/armiblue.

se desarrollan cuando disminuye la temperatura del agua, impidiendo la recuperación natural del coral.

Desde los años ochenta, los episodios de blanqueamiento han aumentado en número y severidad. El mayor de ellos sucedió entre 2014 y 2016, empeorado por un fenómeno, «El Niño», especialmente agudo, que afectó a cerca del 70% de todos los arrecifes del mundo. Desde entonces otros muchos eventos de blanqueamiento han sido observados en prácticamente todas partes, pero especialmente en su mayor ecosistema, la Gran Barrera australiana. Se calcula que, si la temperatura media del agua superficial aumenta 1,5 °C, buena parte de esta simbiosis desaparecerá sin posibilidades de recuperación. Es posible que algunos arrecifes sobrevivan en los lugares donde parecen menos sensibles al calentamiento, como el golfo Pérsico y el mar Rojo, pero serán solo los restos de un mundo magnífico que se desvanece y cuya desaparición arrastrará a buena parte de la diversidad de nuestros océanos.

Los científicos están realizando grandes esfuerzos para frenar esta destrucción por blanqueamiento. Por ejemplo, se están aislando cepas de zooxantelas en corales resistentes a altas temperaturas procedentes del mar Rojo para crear clones con los que repoblar las zonas más afectadas. También se intenta impedir el masivo desarrollo de algas oportunistas sobre arrecifes enfermos. En algunos lugares el resultado combinado de estas técnicas ha conseguido revertir lo peor del proceso, pero, en general, resulta difícil no evocar la vieja metáfora de una gota en el mar.

Pero, si el exceso de fotosíntesis, inducido por las altas temperaturas, es un grave problema, su disminución como resultado del aumento de turbidez del agua es otro de los factores que afectan de forma más negativa a los arrecifes coralinos. Para que la actividad de las zooxantelas sea suficiente para alimentar a sus pólipos hospedadores, es necesario que el agua sea cristalina y ello depende de que la cantidad de plancton se mantenga en mínimos. Sin embargo, el ser humano inyecta cada vez en mayor medida todo tipo de basura al mar, entre ella una gran cantidad de nutrientes procedentes de escorrentías de los campos agrícolas superfertilizados. Esta fertilización excesiva, que técnicamente se conoce como «eutrofización», produce crecimientos explosivos en las poblaciones de algas unicelulares que integran el fitoplancton. Los océanos están variando del azul al verde y este gran cambio es visible y cuantificable desde el espacio, como se ha publicado recientemente. La abundancia de microalgas supone una mayor intercepción de la luz y, por lo tanto, un sombreado de la columna de agua por debajo de ellas. Para los corales, este cambio puede resultar letal. Se trata de otro problema global de difícil solución, ya que la eutrofización afecta a todo el planeta. Aunque la emisión de fertilizantes al mar se realice muy lejos de los arrecifes coralinos, su difusión a través de las corrientes y la turbulencia del agua es rápida y afecta a toda la hidrosfera, y llega incluso al océano Antártico.

Así pues, lo peor de la crisis que afecta a los arrecifes coralinos no tiene una causa local, sino que se origina a miles de kilómetros de sus aguas. La solución deberá ser, por lo tanto, global. Empero, hay acciones a nivel regional que pueden contribuir a paliar los daños e incluso a revertir los procesos de degradación de los arrecifes.

Entre las iniciativas nacionales para para la protección y restauración de estos ecosistemas, destaca la de la Administración Nacional para el Océano y la Atmósfera (NOAA, de sus acrónimo en inglés) de Estados Unidos, que ya en el año 2000 lanzó el programa de conservación de arrecifes coralinos (Coral Reef Conservation Program, https:// www.fisheries.noaa.gov/national/habitat-conservation/restoring-coral-reefs). Se han identificado cuatro vías de actuación fundamentales: mejorar la calidad del hábitat de los corales, lo que incluye promover la investigación y prevenir la aparición de especies invasoras; prevenir la pérdida de corales y el deterioro de su ambiente, identificando las áreas de alto riesgo y recuperando las zonas dañadas; mejorar la capacidad de resiliencia de los corales, reduciendo la tasa de mortalidad de larvas y colaborando en la restauración ecológica; finalmente, mejorar la salud y la supervivencia de los corales, controlando la expansión de enfermedades y de organismos que se alimentan de coral. NOAA actúa sobre todo en zonas coralinas bajo jurisdicción de Estados Unidos, especialmente en Florida, Puerto Rico y Hawái, pero colabora también con organizaciones regionales como el World Resources Institute (WRI) para medir los servicios ecosistémicos de los arrecifes coralinos caribeños, en la que participan cinco países de la zona.

La ONU mantiene también un programa específico, el Protecting Coral Reefs (Protecting Coral Reefs | UNEP - UN Environment Programme), que se propone proteger y restaurar los arrecifes coralinos a nivel mundial. Los aproximadamente 100 países y territorios que poseen el privilegio y la responsabilidad de albergar arrecifes coralinos están involucrados en este programa. En la presentación de sus estrategias y objetivos se subraya el desconocimiento que aún existe sobre la auténtica diversidad en este ecosistema, ya que se estima que tan solo el 10% de las más de 800.000 especies de organismos de todo tipo que se supone coexisten en el arrecife están efectivamente descritas desde el punto de vista científico. Estas estrategias a nivel global incluyen, naturalmente, la mitigación y adaptación al cambio climático.

La Coral Reef Alliance es una organización internacional, no gubernamental, que se ocupa especialmente del fenómeno de blanqueamiento de los corales (Coral Bleaching - Coral Reef Alliance). Su mayor preocupación estriba en paliar la destrucción de los corales por pérdida de sus zooxantelas, lo que según los modelos manejados afectará en el 2050 al 90% de los arrecifes coralinos. Esta organización desarrolla potentes herramientas para evaluar los daños a partir de imágenes de satélite y de esta forma identificar las áreas más susceptibles al blanqueamiento, así como las más resistentes. A partir de esta información se espera avanzar en la comprensión de cómo el aumento de temperatura afecta a los corales y qué factores están implicados en la mayor o menor resistencia al calentamiento.

Otras organizaciones no gubernamentales, como Coral World Ocean and Reef Initiative (CWORI, https://www.cwori.org/), también desarrollan programas de restauración, educación y divulgación. Para la restauración de los corales dañados se utilizan en ocasiones jardines o guarderías coralinas, en las que pequeños corales se cultivan en simbiosis con sus zooxantelas, para posteriormente repoblar el arrecife. La instalación consiste en mástiles fijados al fondo marino y ramificados, como una especie de árbol de Navidad, cerca de la superficie. Sobre estas ramas se fijan las pequeñas colonias de coral, que van creciendo hasta alcanzar un tamaño adecuado para su trasplante en condiciones naturales. Este es un proceso delicado, en el que las colonias se fijan pieza a pieza al arrecife utilizando cemento, cintas adhesivas y grapas. NOAA mantiene unas 20 de estas guarderías en el Caribe que producen más de 40.000 colonias saludables al año para la restauración del arrecife. Desde 2018 el Gobierno australiano ha puesto en marcha un gran programa de restauración, el Reef Restoration and Adaptation Program (RRAP), con la misión de ayudar a la recuperación de la Gran Barrera de los daños causados por todo tipo de perturbaciones y mejorar su adaptación al cambio climático. Nuevos avances técnicos y mayor conocimiento científico sobre el cultivo de corales están mejorando continuamente el rendimiento de las guarderías y la tasa de supervivencia en la repoblación.

Por supuesto, el World Wildlife Found (WWF), sobre todo su sede australiana, se ha implicado a fondo en la protección de los arrecifes, especialmente en la regeneración de la Gran Barrera. Su mayor preocupación es la recuperación de la calidad del agua y del aire, que están en la base de muchos efectos negativos en cadena. El mayor fenómeno de blanqueamiento conocido, registrado hace pocos años, ha focalizado muchos de sus esfuerzos, que, como denuncian con contundencia, tendrán resultados limitados si no se reduce drásticamente la emisión de gases con efecto invernadero.

....
Bibliografía relacionada

Allemand, D., y Furla, P. (2018). How does an animal behave like a plant? Physiological and molecular adaptations of zooxanthellae and their hosts to symbiosis. *C. R. Biologies, 341,* 276-280. https://doi.org/10.1016/j.crvi.2018.03.007.

Byrne, M. et al. (2023). Juvenile waiting stage crown-of-thorns sea stars are resilient in heatwave conditions that bleach and kill corals. *Global Change Biology.* https://doi.org/10.1111/gcb.16946.

Clements, C. S., y Hay, M. E. (2019). Biodiversity enhances coral growth, tissue survivorship and suppression of macroalgae. *Nat Ecol Evol, 3:* 178-182. https://doi.org/10.1038/s41559-018-0752-7.

Dullo, W. C. (2005). Coral growth and reef growth: a brief review. *Facies, 51:* 33-48. https://doi.org/10.1007/s10347-005-0060-y.

Fang, J. K. H., Schönberg, C. H. L., Hoegh-Guldberg, O., y Dove, S. (2017). Symbiotic plasticity of Symbiodinium in a common excavating sponge). *Mar Biol* (2017) *164:*104. https://doi.org/10.1007/s00227-017-3088-y.

Huang, W. (2021). Microplastics in the coral reefs and their potential impacts on corals: A mini-review. *Science of the Total Environment, 762.* https://doi.org/10.1016/j.scitotenv.2020.143112.

LaJeunesse, T. C., et al. (2018). Systematic Revision of Symbiodiniaceae Highlights the Antiquity and Diversity of Coral Endosymbionts. *Current Biology, 28,* 2570-2580. https://doi.org/10.1016/j.cub.2018.07.008.

Lyons, M. B., et al. (2024). New global area estimates for coral reefs from high-resolution mapping. *Cell Reports Sustainability.* https://doi.org/10.1016/j.crsus.2024.100015.

McLeod, I. M. et al. (2022). Coral restoration and adaptation in Australia: The first five years. *PLoS ONE, 17*(11): e0273325. https://doi.org/10.1371/journal.pone.0273325.

Simpson, C. (2018). Evolution: Serving Up Light. *Current Biology, 28,* R871-R894. https://doi.org/10.1016/j.cub.2018.05.037.

4

LOS HONGOS TEJEN LA RED QUE CONECTA A LAS PLANTAS A TRAVÉS DE SUS RAÍCES

*«Toute l'évolution ne consiste en rien d'autre qu'en
un développement du pouvoir de communication»*

PIERRE TEILHARD DE CHARDIN

«Toda la evolución no consiste en otra cosa que en el
desarrollo del poder de comunicación» (TRADUCCIÓN DEL AUTOR)

El suelo del bosque palpita justo debajo de nuestros pies. Cada metro cuadrado de hojarasca y humus está repleto de microorganismos, invertebrados y hongos, en una cantidad que excede con mucho la fracción mineral inerte. Por este suelo esponjoso y fragante pasan buena parte de los grandes ciclos biogeoquímicos que regulan la composición de la biosfera y de la atmósfera. El papel de este mundo subterráneo es tan relevante que ha sido definido como un sistema aparte, la «rizosfera», uno de los grandes ambientes globales del planeta.

Es un tópico repetido con frecuencia, incluso en tertulias de divulgación científica, que los océanos, que cubren casi las tres cuartas partes de la superficie del mundo, son la clave esencial para elementos tan importantes como el carbono y el nitrógeno, y, en fin, para el futuro del clima. En realidad, de las 210 gigatoneladas de CO_2 que se incorporan cada año a la biosfera a través de la fotosíntesis, 120 son absorbidas por los continentes y solo 90 por los océanos. Ello es debido a que, como hemos visto en el capítulo anterior, buena parte de esta enorme superficie líquida puede considerarse un desierto desde el punto de vista de la actividad biológica. Pero también una gran extensión de los continentes, hasta el 40%, son desiertos o zonas áridas, y otro 20% son regiones polares o altas montañas, de manera que solo en el 40% restante pueden crecer los bosques, aunque gran parte de esta superficie se ha deforestado para dedicarla al urbanismo, la agricultura o la ganadería. De manera que la mayor productividad biológica del mundo está restringida a aproximadamente la cuarta parte del área continental del planeta, menos del 10% de la superficie total, según la FAO. Conviene pensar en ello y, la próxima vez que paseemos por un bosque, hacerlo con la emoción, el respeto y la admiración por un ecosistema del que, esta vez sí, depende por completo el futuro de la naturaleza y de la humanidad.

Los bosques son relativamente recientes en la historia evolutiva de nuestro planeta. Los primeros crecieron en el Carbonífero, hace unos

350 millones de años, menos de una décima parte del tiempo transcurrido desde la aparición de la vida. Pero, a partir de entonces, su influencia en la evolución ha sido crucial. Para empezar, la nueva estructura tridimensional, con abundante alimento y refugio a muchos metros de altura, estimuló la aparición del vuelo, primero en insectos, luego en reptiles, después en el único grupo de dinosaurios que sobrevivió al gran cataclismo de finales del Cretácico, las aves. Finalmente también los mamíferos, con los murciélagos, se incorporaron al desplazamiento por el aire. Además, el bosque ofrece una gran variedad de microclimas, lugares más o menos expuestos a la luz, al viento, a la lluvia, lo que podríamos considerar diferentes nichos ecológicos que han generado una respuesta adaptativa en animales, plantas y hongos, contribuyendo en gran manera a la explosión de biodiversidad en tierra firme generada en los últimos cientos de millones de años.

Los primeros bosques carboníferos estaban dominados por helechos arborescentes. Su enorme productividad no se correspondía con la tasa de descomposición de la materia vegetal generada, pues los sistemas microbianos y fúngicos del suelo eran aún muy rudimentarios. De forma que esta gran biomasa se fue acumulando y mineralizando en forma de lo que hoy conocemos como combustibles fósiles. Ello supuso el brusco descenso, hasta diez veces, de la concentración de CO_2 en la atmósfera y el paulatino enfriamiento del clima, además de incrementar notablemente la concentración de O_2, incluso por encima de los valores actuales. Los bosques de épocas posteriores, por ejemplo en el Jurásico, estaban dominados por coníferas, y sus comunidades de descomponedores ya eran capaces de reciclar la mayor parte de la materia vegetal generada. Finalmente, después del Cretácico, hace unos sesenta millones de años, las angiospermas se impusieron en los bosques templados y tropicales, aunque las coníferas siguen predominando en la zona boreal del hemisferio norte, en alta montaña y en algunas regiones extratropicales de clima seco.

Pero nada de esto hubiera sido posible, ni los bosques, ni siquiera la vida vegetal fuera del agua, sin la íntima amistad entre dos seres, tan extraños que pertenecen a reinos distintos: los hongos y las plantas. Esta simbiosis, que se produce a nivel de las raíces, la conocemos como «micorrizas». Los primeros fósiles de plantas terrestres, tipos primitivos, muy sencillos, de helechos, de hace algo más de cuatrocientos millones de años, ya presentan hongos asociados a sus raíces. De hecho, muchos científicos están convencidos de que sin micorrizas las plantas no hubieran podido prosperar en un medio con nutrientes mucho más escasos y más heterogéneamente distribuidos que en el agua. Así pues, la simbiosis entre hongos y plantas fue protagonista del gran cambio que aconteció en la historia de la vida: la conquista de la tierra.

La percepción sobre la extensión real de las micorrizas y su papel en la biosfera fue paulatina. Su descubridor fue Albert Frank, el mismo profesor alemán que, como vimos en la introducción, inventó el término simbiosis a partir de sus estudios sobre la anatomía de los líquenes. El profesor Frank había sido encargado por el Ministerio de Agricultura de Prusia para descubrir el origen y la biología de las trufas, un hongo muy apreciado ya en el siglo xix, pero de naturaleza aún desconocida. Se sabía que su aparición bajo la superficie del suelo siempre estaba ligada a ciertos árboles, especialmente robles y encinas. Frank descubrió y describió en un artículo publicado en 1885 que las trufas eran los cuerpos fructíferos de un hongo en estrecha relación con las raíces de los árboles. Haciendo gala de su proverbial habilidad para crear con éxito nuevos términos biológicos, Frank propuso para designar esta asociación la palabra «micorriza», del griego *mukos* (hongo) y del latín *rhiza* (raíz). Especuló con que se trataba de una relación de mutuo beneficio, en la que el árbol nutría al hongo, pero también obtenía alguna forma de beneficio, aún por descubrir.

En este caso, los filamentos del hongo, conocidos técnicamente como hifas, tejían un denso envoltorio alrededor de las finas ramificaciones de las raíces, encapsulándolas como si fueran los dedos de un guante de lana. En una observación microscópica de estos extremos radiculares colonizados, se podía apreciar cómo las hifas se extendían densamente entre las células corticales de la raíz, pero sin penetrar en su interior. En realidad, esta peculiar proliferación del hongo dentro de la raíz ya había sido observada antes por el naturalista forestal Theodor Hartig, aunque fue malinterpretada al considerarla no como un hongo asociado, sino como parte sustancial de la propia raíz. En cualquier caso, su descubrimiento es reconocido al denominarse a esta forma de infección fúngica intercelular como «red de Hartig». A esta forma de infección, que, aunque muy intensa, no llega a penetrar en el interior celular, se la conoce como «ectomicorrizas», del griego *ectos* (por fuera). Hoy en día, este tipo de micorrizas se han descrito en miles de especies de árboles y arbustos, sobre todo en ambientes forestales templados y boreales. Sin embargo, la forma de simbiosis entre hongos y raíces más extendida en la naturaleza aún quedaba por describir.

Cuando a finales del siglo xix el micólogo Pierre-Augustin Dangeard fue llamado por la administración forestal francesa para estudiar el estado de vitalidad de las alamedas de Poitiers, encontró que las raíces de los árboles estaban colonizadas por un hongo cuyas hifas penetraban en el interior de sus células, alterando notablemente su morfología. Naturalmente, lo interpretó como un tipo de maligno parasitismo, aunque no pudo relacionarlo con ningún síntoma de enfermedad o debilitamiento de los árboles. Lo cierto es que estaba ante la más universal de las micorrizas, que afecta al 80% de las plantas conocidas, árboles, arbustos y hierbas, y que se extiende por todo tipo de ecosistemas, incluyendo los tropicales. Se trata, por lo tanto, de una «endomicorriza», pero, debido a la densa y característica ramificación que producen las hifas en el interior de las células vegetales, se la conoce generalmente como «micorrizas arbusculares» (AM, por sus siglas en inglés). Veamos con mayor detalle estos dos grandes tipos de micorrizas y su función en los ecosistemas.

4.1

Principales tipos de micorrizas

Las ectomicorrizas están formadas por los hongos más populares, aquellos que desarrollan cuerpos fructíferos en forma de seta para su reproducción sexual. Se agrupan en dos grandes líneas filogenéticas, los ascomicetos y los basidiomicetos. Las setas, que atraen a tantos aficionados a la micología de campo, son como las manzanas de un árbol cuyo cuerpo se desarrolla en el interior del suelo. Una extensa red de filamentos, hifas, de solo una célula de grosor, aproximadamente la centésima parte de un milímetro, y muy ramificados, se extiende por debajo de la superficie abarcando muchos metros cuadrado y asociándose con árboles y arbustos, a menudo de forma específica (figura 4.1). Esto significa que cada especie de hongo está singularmente asociada a una especie o grupo cercano de especies de árboles, como se ha visto en el caso de las encinas, los robles y las trufas. De este modo, miles de especies de hongos forman simbiosis con las raíces de miles de especies de árboles y arbustos, en un equilibrio de biodiversidad entre los dos socios que no se produce en otras simbiosis vegetales. Además, tanto el hongo como la planta mantienen su capacidad de reproducción sexual, lo que ha propiciado un continuo ajuste adaptativo y una extraordinaria explosión evolutiva para ambos. Ascomicetos, basidiomicetos y plantas vasculares, especialmente angiospermas, se han diversificado principalmente en los últimos cien millones de años, es decir, su historia evolutiva corre paralela a la de aves y mamíferos.

Figura 4.1.—Una seta, cuerpo fructífero de un basidiomiceto, mostrando el micelio algodonoso en su base.

Cuando las hifas entran en contacto con los extremos de las raíces, inducen su ramificación, al tiempo que tejen un denso revestimiento. Lo que se observa finalmente no es ya una raíz ni un hongo, es una quimera, una mezcla de ambos para constituir una estructura totalmente nueva. En el interior de la raíz las hifas van introduciéndose entre los intersticios de las células corticales, construyendo la red de Hartig, aumentando al máximo la superficie de contacto entre los dos simbiontes y facilitando el intercambio molecular.

Este tipo de micorrizas afecta tan solo al 5% de las especies de plantas conocidas, pero entre ellas se encuentran la mayoría de los árboles forestales de regiones templadas y frías, lo que supone una buena parte de los bosques de Eurasia y América del Norte, más de la mitad de la superficie boscosa del planeta.

A pesar de la tendencia de los hongos ectomicorrízicos a asociarse con determinadas especies de planta, su especificidad no es absoluta: un mismo árbol puede asociarse con diferentes especies de hongos y, a su vez, una especie de hongo puede establecer simbiosis con diferentes especies de árboles. Esto da lugar a toda clase de interacciones interespecíficas a través de la extensa red de hifas y raíces por debajo de la superficie del suelo, ese misterioso espacio subterráneo que conocemos como rizosfera (figura 4.2).

Las endomicorrizas y, más concretamente, las micorrizas arbusculares no pueden ser tampoco específicas, porque, en este caso, probablemente menos de 200 especies de hongos producen micorrizas con más de 200.000 especies de plantas. Todos ellos pertenecen a un mismo grupo denominado glomerulomicetos, y son simbiontes obligados, pues no se conocen casos de vida independiente, sin asociarse con las raíces. Así pues, en este tipo de micorrizas el componente fúngico se ha comportado de forma muy conservadora y no ha acompañado a su socio, las plantas angiospermas, en su extraordinaria explosión de diversidad en el Cenozoico (últimos 65 millones de años). De hecho, los glomerulomicetos micorrizógenos ni siquiera presentan reproducción sexual, por lo que sus individuos son básicamente clónicos, copias genéticas de sí mismos que funcionan perfectamente y que, por lo que parece, no necesitan introducir cambios sustanciales en su biología.

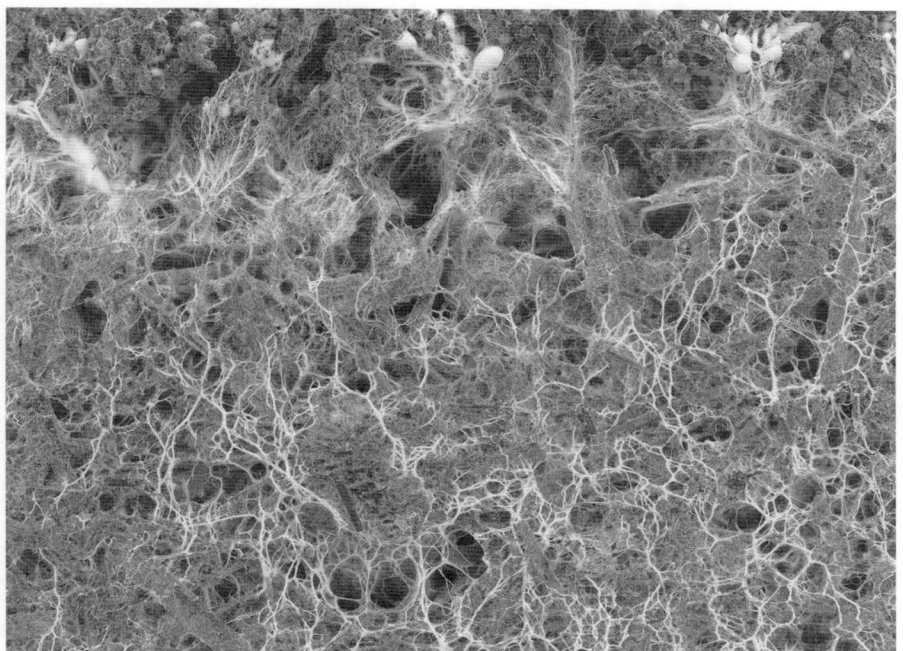

Figura 4.2.—Tupida red de raíces y micorrizas por debajo
de la superficie del suelo. Fuente: iStock.com/Andreas Häuslbetz.

La forma fundamental de dispersión de las micorrizas arbusculares se realiza a partir de grandes esporas (de entre 0,1 y 0,4 milímetros de diámetro) denominadas «clamidósporas». Al germinar, estas esporas producen hifas similares a las de cualquier otro hongo, salvo por la importante diferencia de no desarrollar tabiques intercelulares y, por lo tanto, células delimitadas. Son simplemente tubos larguísimos y ramificados por los que los orgánulos celulares, entre ellos núcleos y mitocondrias, circulan libremente, tal y como sucedía en los filamentos del alga *Vaucheria* devorados por la verde *Elysia*.

Cuando estos filamentos entran en contacto con las raíces, se produce un punto de infección, a partir del cual las hifas penetran en el interior de la zona cortical de la raíz, pero sin tejer una tupida red a su alrededor. Sin embargo, a diferencia de las ectomicorrizas, en este caso las hifas penetran en el interior de las células vegetales, proliferando en forma de los típicos arbúsculos o formando grandes vesículas que llegan a ocupar la mayor parte del espacio intracelular. Esta es la razón por la que en la literatura científica, sobre todo en francés y español, a estas micorrizas se las conoce también como «vesicular-arbusculares». Los delicados arbúsculos son el principal punto de intercambio molecular hongo-planta y las vesículas actúan como reservorios de sustancias nutritivas para el hongo.

4.2
OTRAS FORMAS DE MICORRIZAS

En la naturaleza, no hay flores más espectaculares y exquisitamente complejas que las orquídeas. Sus más de 25.000 especies se agrupan en una sola familia, la más numerosa de todas las angiospermas. La mayoría tienen una distribución tropical y en muchos casos crecen como guirnaldas o macetas sobre troncos y ramas de los árboles de la selva; pero también hay especies que crecen en bosques y prados de zonas templadas o incluso en regiones boreales o alpinas. Pues bien, todas las orquídeas conocidas, independientemente del ambiente en el que se desarrollan, necesitan asociarse con un hongo micorrizógeno para dar sus primeros pasos en la vida. La infección fúngica se produce justo al comienzo de la germinación de las semillas, antes de que aparezcan los primeros cloroplastos funcionales y pueda ponerse en marcha la fotosíntesis. En este estado juvenil, los carbohidratos, lípidos y otros elementos esenciales necesarios para el crecimiento de la orquídea, son proporcionados en su totalidad por el hongo, que se comporta como una generosa ama de cría con el delicado bebé-orquídea. En algunas especies la simbiosis se mantiene en la edad adulta de la planta, cuando ya es plenamente autónoma en cuanto a la obtención de alimento a partir de la luz; en otras, sin embargo, la simbiosis desaparece cuando comienza la fotosíntesis.

Las semillas de orquídea son extraordinariamente pequeñas, apenas mayores que un grano de polen, y de un peso inferior a 10 microgramos. A simple vista, un fino polvillo que surge de frutos capsulares, secos y membranosos, similar al formado por las esporas que pueden observarse en algunas setas. Cada fruto puede desarrollar hasta cuatro millones de semillas, todo un récord entre las plantas. Estos diminutos propágulos no contienen más que 8-100 células, demasiado pocas para que pueda desarrollarse un embrión viable. La multiplicación celular depende absolutamente de su encuentro con un hongo simbionte. Esto ocurre cuando una hifa penetra en el interior de una célula. A partir de aquí, la infección va extendiéndose de célula en célula, hasta que todas ellas, excepto las del extremo apical de crecimiento activo, resultan colonizadas. Dentro de las células vegetales, que permanecen sanas y metabólicamente activas, el hongo prolifera formando espesas madejas de hifas apelotonadas. Poco a poco, la infección se va concentrando en la parte inferior de la plantita en crecimiento y, finalmente, afecta solo a las incipientes raíces. El tiempo que tarda cada orquídea en desarrollar sus hojas y volverse autónoma depende de la especie y oscila entre uno y diez años. Algunas orquídeas jamás forman hojas y pasan toda su vida completamente dependiente de los aportes nutricionales del hongo.

Los hongos que participan en esta forma especial de endomicorrizas pertenecen a la gran división de los basidiomicetos. Es interesante que algunos de ellos se comporten como parásitos en otras plantas y sin embargo sean atentos cuidadores de los bebés-orquídea. De alguna forma, la planta debe inducir y regular este comportamiento maternal de hongos potencialmente muy peligrosos.

Los arbustos que conocemos como brezos, arándanos y rododendros tienen su propio tipo de endomicorrizas. Estas plantas, que se reúnen en la familia de las ericáceas, desarrollan finísimos pelos radiculares, de solo 40 micras de diámetro, menos que un cabello humano. Es aquí donde se produce la infección del hongo, predominantemente ascomicetos, que en cada caso afecta a una sola célula de la zona cortical de la raíz, por lo que se producen miles de puntos de infección a lo largo de cada pelo radicular. Normalmente esta forma de simbiosis tiene un ritmo estacional, se repite cada año. La infección fúngica comienza en primavera y se va desarrollando a medida que avanza la estación, alcanzando su máximo en verano, para luego decaer en otoño. La presencia de esta simbiosis es imprescindible para que los arbustos ericoides puedan prosperar en suelos ácidos y pobres en nutrientes, como las tierras altas escocesas o los bosques subalpinos de las montañas europeas.

Las micorrizas, en concreto las micorrizas arbusculares, han acompañado a las plantas en todos los ambientes terrestres, incluyendo los trópicos, desde el mismo inicio de la vida vegetal en tierra firme. Las otras formas de micorrizas fueron apareciendo paulatinamente en el curso de la evolución, a medida que las plantas exploraban nuevos hábitats y se diversificaban. Pero, para entender por qué esta íntima relación entre extraños ha resultado tan crucial en la historia de la vida fuera del agua, hay que conocer los beneficios que aporta a la planta, así como las ventajas que obtiene el hongo de esta asociación.

4.3

MEJOR JUNTO A UN HONGO, NUNCA SIN UNA PLANTA. VENTAJAS DE LAS MICORRIZAS PARA AMBOS SIMBIONTES

Los beneficios que obtiene el hongo de esta simbiosis son evidentes. El flujo de fotosintatos (azúcares y almidón) nutre al hongo de forma muy sustancial, hasta el punto, como hemos visto, que muchos de ellos son simbiontes obligados. En el caso de las ectomicorrizas, se calcula que aproximadamente el 10% de la producción fotosintética de la planta es transferida al hongo; en las micorrizas arbusculares el aporte alcanza el 40%. Es una cantidad enorme que justifica la notable especialización de muchos hongos para vivir en el interior de las raíces. Por otro lado, el hongo recibe también sales minerales y se cree que incluso vitaminas esenciales para su crecimiento y reproducción. La ventaja para las plantas es algo más difusa y no siempre fácil de comprender.

Lo primero que debemos considerar es que, a pesar de que la parte subterránea pueda representar hasta la mitad de la biomasa de un vegetal, el volumen de suelo explorado y explotado, en cuanto a sus recursos nutritivos e hídricos, no es muy grande; de hecho, en muchos casos resulta insuficiente para atender a las necesidades de la planta. A pesar de que los pelos absorbentes de la raíz puedan proporcionar un eficiente aporte de agua y algunos nutrientes, su capacidad se multiplica cuando se establece la simbiosis con un hongo. En cada centímetro cúbico de suelo pueden encontrarse entre 100 y 1000 metros lineares de hifas y por cada metro cuadrado de superficie pueden desplegarse 100 metros cuadrados de hongo. Como resultado, el volumen de suelo al que la planta tiene acceso para su nutrición e hidratación se multiplica entre 10 y 100 veces en presencia de micorrizas.

Por otro lado, en el suelo hay nutrientes esenciales que son inaccesibles para la planta, pero que pueden ser suministrados por el hongo. Es el caso de los cristales de apatito, que contiene fósforo, y de feldespato, rico en potasio. Normalmente estos cristales son insolubles en agua y no pueden ser aprovechados por la raíz; sin embargo, la secreción de sustancias ácidas por las hifas y su propia acción mecánica al penetrar entre los intersticios de la roca puede desestabilizarlos y absorberlos para, finalmente, transferirlos a la planta. Además, las hifas son capaces de mineralizar y digerir la materia orgánica acumulada en el suelo gracias a su secreción de potentes enzimas descomponedoras. Esto permite la movilización de nitrógeno y fósforo en pequeñas moléculas, nitratos y fosfatos, asimilables por las plantas. Por otra parte, las hifas son capaces de retener e inmovilizar elementos tóxicos para el vegetal, como metales pesados o incluso sustancias radioactivas. Después del accidente nuclear de Chernóbil, las verduras cultivadas a cientos de kilómetros de la central se consideraron comestibles a los pocos años; las setas, sin embargo, han estado prohibidas durante décadas.

A cambio, como hemos visto, la planta transfiere al hongo carbohidratos altamente energéticos (glucosa, fundamentalmente) producto de la fotosíntesis, que son el tesoro perseguido por todos los seres heterótrofos.

Otra ventaja para las plantas es que el grado de micorrización puede ser modulable en función de la abundancia de nutrientes en el suelo. En suelos muy fértiles la simbiosis se reduce o incluso desaparece. En todo caso, los beneficios nutricionales son tan claros que, al menos en el caso de las micorrizas arbusculares, se comercializan preparados para jardinería y horticultura, que consisten en clamidósporas aisladas y acumuladas en tubos, para ser esparcidas por el suelo y mejorar el rendimiento de los cultivos. Se ha comprobado que estas micorrizas tienen un impacto positivo también en la calidad de las verduras, pues aportan macro y micronutrientes que mejoran el sabor y las propiedades alimenticias de las plantas.

Aparte de este activo intercambio de nutrientes, los hongos son la principal línea de defensa de las plantas frente a patógenos microbianos, fundamentalmente virus y bacterias. En las micorrizas se crea un ambiente fuertemente antibacteriano que previene de infecciones potencialmente letales a las plantas. Los hongos son bien conocidos como fuente de antibióticos. De hecho, fue un hongo, *Penicillium*, el origen del primer antibiótico sintetizado en laboratorio, lo cual marcó el comienzo de una de las páginas más brillantes en la lucha contra la enfermedad en la historia de la humanidad. En la naturaleza, la batalla contra las bacterias se extiende desde el mismo origen de los hongos. Ambos compiten por los mismos recursos y, además, las hifas, rodeadas de millones de bacterias, pueden ser atacadas y destruidas por estos voraces microorganismos. Como respuesta a esta amenaza, los hongos han sintetizado multitud de moléculas antibacterianas de una eficiencia extraordinaria. Pero la lucha continúa, ya que las bacterias cambian y evolucionan con extraordinaria rapidez y el antibiótico, que era efectivo antes, ha de ser sustituido ahora por otro más eficaz.

La simbiosis es un equilibrio delicado, fácilmente puede romperse el mutualismo (el beneficio mutuo) para deslizarse hacia alguna forma de parasitismo. Un ejemplo ilustrativo es el de la pequeña orquídea *Epipactis helleborine*. Esta planta, de aspecto frágil y no muy vistosa, vive entre la hojarasca de todo tipo de bosques extratropicales del hemisferio norte; desde la península ibérica hasta la península de Corea y Japón, y desde aquí a Canadá, Estados Unidos y México. En un área de distribución tan extensa, *Epipactis* debe adaptarse a todo tipo de ambientes forestales, como encinares y pinares, hayedos y abetales, robledales y abedulares. Lo consigue mediante la asociación selectiva con diferentes hongos en cada ambiente forestal. Siempre se trata de hongos formadores de ectomicorrizas, sobre todo ascomicetos, pero también algunos basidiomicetos. Pueden ser trufas, pezizas o colmenillas, el que resulte más adecuado en cada caso. Habitualmente, *Epipactis* presenta hojas grandes, ovaladas, con nervios paralelos, de un color verde intenso; sin embargo, en bosques muy umbrosos, como algunos hayedos pirenaicos, las hojas pierden totalmente la clorofila y se vuelven blancas, casi como el papel (figura 4.3). Pero no es un estado enfermizo o que anuncie la muerte próxima del

Figura 4.3.—La orquídea *Epipactis helleborine* en su forma blanca, sin clorofila.

vegetal; simplemente, ante la poca radiación solar, la planta ha renunciado a sintetizar su propio alimento y se dedica a apropiarse de parte del producido por sus vecinas fotosintetizadoras. Para ello utiliza a un hongo micorrizógeno del que depende totalmente para la obtención de los carbohidratos. El hongo se los transfiere desde otra planta, con la que también establece simbiosis, sin que aparentemente obtenga ninguna ventaja de este robo descarado. Así, *Epipactis* se convierte de autótrofa en heterótrofa parásita, mientras el hongo, que mantiene la simbiosis con árboles y arbustos del bosque, es el cómplice necesario para transportar los productos de la fotosíntesis a la pequeña y blanca orquídea. Curiosamente, *E. helleborine* se mantiene verde y autótrofa en primavera, cuando aún no se han desarrollado por completo las hojas de las hayas, y se vuelve blanca y parásita en verano, cuando la sombra es tan intensa que en el interior del hayedo apenas llega la luz del día.

Otras plantas forestales, como la blanca *Monotropa uniflora* o *Neottia nidus-avis* son permanentemente heterótrofas y dependen totalmente del hongo que hace de puente, a través de la rizosfera, entre ellas y las plantas fotosintetizadoras de su entorno.

Pero, además de estas relaciones nutritivas y medicinales, sin las cuales no podría comprenderse el fundamento de esta sólida amistad entre seres tan extraños entre sí, hay otro aspecto más sutil, más difícil de definir y verdaderamente fascinante: la interconexión en red, mediante las micorrizas, de todas las plantas de un ecosistema, independientemente de la especie o el tamaño.

4.4

El internet de las plantas

La intrincada y densa red de hifas puede ocupar extensiones sorprendentes. El caso más famoso es *Armillaria ostoyae*, considerado como el mayor organismo del mundo, que en un bosque de Oregón, y como un solo individuo, se extiende por una superficie de más de seis kilómetros cuadrados. Obviamente, una red de esta magnitud establece micorrizas con multitud de árboles y otras plantas, poniéndolas en contacto entre sí. Este hecho, comprobado en multitud de ecosistemas de todo el mundo, ha llevado a postular que las plantas no solo establecen una relación nutricional con los hongos, sino que los utilizan para comunicarse entre ellas. Es un punto de vista sorprendente, que ha atraído la atención del público y de los periodistas interesados en temas de naturaleza y ecología, pero que también ha dado lugar a un encendido debate científico.

El internet de las plantas o *wood-wide web*, como fue bautizado por Simard en 1997 en un trabajo ya clásico, permitiría a las plantas intercambiar recursos nutritivos y señales químicas, estableciendo, a nivel micorrízico, una auténtica comunicación entre ellas. Esto facilitaría, por ejemplo, el crecimiento de árboles jóvenes o la germinación de semillas dentro del bosque, incluso en condiciones de sombra intensa. Se trataría de una especie de amamantamiento por parte de los grandes árboles que alcanzan la luz del sol hacia los pequeños, oscurecidos bajo el dosel forestal. De esta forma, el carbono absorbido por fotosíntesis y el agua, bombeada desde las raíces, se repartirían de forma equitativa dentro del bosque, mediante una distribución igualitaria, interespecífica e intergeneracional. Algo así como un altruismo vegetal, opuesto a la más primaria aplicación de la selección natural a través de la lucha descarnada por el espacio y la luz. Por otro lado, las plantas serían capaces de enviarse, por medio de las hifas fúngicas, señales de alerta cuando son atacadas por parásitos o insectos, lo que induciría a la síntesis de compuestos repelentes o venenosos en toda la comunidad vegetal. Del mismo modo, unas plantas serían capaces de transferir a otras hormonas reguladoras de procesos esenciales de la vida vegetal, como el crecimiento, la floración o la fructificación, dando lugar a un macroorganismo complejo que funcionaría de forma coordinada. Los más exaltados con esta fascinante narrativa sostienen que las plantas «hablan» entre ellas, utilizando los hongos como cables de comunicación. El resultado sería un lenguaje simbiótico que se superpondría al más simple planta-hongo u hongo-planta. Recientemente se han publicado evidencias sobre esta forma muy sofisticada de comunicación, sugiriendo el desarrollo de una especie de inteligencia vegetal con una topología similar a la del cerebro humano.

Figura 4.4.—Las micorrizas, el internet de las plantas.

Desafortunadamente, en este terreno la especulación ha superado con mucho a las evidencias. Algunos científicos se han sentido también subyugados por la fuerza de un relato divulgativo que abre multitud de posibilidades de experimentación y han tratado de encontrar pruebas objetivas al respecto. Los primeros trabajos de investigación que, al menos parcialmente, demostraron el intercambio de nutrientes entre árboles vecinos a través de la red de micorrizas, han sido citados como evidencias concluyentes, sin esperar a sucesivas corroboraciones. El efecto positivo de la presencia de micorrizas en el entorno para la germinación de las semillas se ha considerado en los medios de divulgación científica un hecho incontrovertible. Sin embargo, un gran estudio reciente sobre 28 parcelas forestales ha demostrado que solo en el 18% de los experimentos existe un efecto positivo indiscutible de la red de micorrizas para la germinación de las especies seleccionadas.

Por otro lado, no se han encontrado hasta ahora pruebas concluyentes sobre la emisión y recepción de señales químicas de alerta entre plantas a través de la red fúngica. Esto contrasta con el bien conocido fenómeno de emisión de hormonas gaseosas a partir de una planta atacada por herbívoros y que previene a las demás, que responden con la segregación de compuestos amargos que las hacen menos apetecibles.

Las micorrizas son, indudablemente, una de las simbiosis más extendidas, más interesante y de mayor impacto en la biosfera. Esta red de filamentos, hifas, de un diámetro inferior a la centésima de milímetro, permite a las plantas crecer con vigor, a pesar de que los nutrientes o las reservas de agua se encuentren con frecuencia dispersos en el suelo y en escasa cantidad. En el complejo mundo subterráneo que denominamos rizosfera, las hifas juegan un papel esencial, integrando materia orgánica e inorgánica, disgregando partículas minerales y conectando a los vegetales fotosintetizadores. Sin ninguna duda ejercen también un papel protector, antibiótico, frente al ataque de patógenos vegetales. En casos extremos, como hemos visto, las micorrizas son utilizadas por plantas sin clorofila para robar carbohidratos a plantas fotosintetizadoras. Dicen en un reciente artículo de opinión los investigadores americanos Jones, Hoeksema y Karst (https://undark.org/2023/05/25/where-the-wood-wide-web-narrative-went-wrong/): «*Forests are fascinating places, marked by a rich diversity of interactions between plants, animals, and microbes. The stories are endless. We just have to tell them with care.*» «Los bosques son lugares fascinantes, caracterizados por una rica diversidad de interacciones entre plantas, animales y microbios. Las historias son interminables. Simplemente debemos relatarlas con precaución» (Traducción del autor).

BIBLIOGRAFÍA RELACIONADA

Babikova, Z. et al. (2013). Underground signals carried through common mycelial networks warn neighboring plants of aphide attack. *Ecology Letters, 16:* 835-843.

Boyno, G., y Demir, S. (2022). Plant-mycorrhiza communication and mycorrhizae in inter-plant communication. *Symbiosis, 86:* 155-168. https://doi.org/10.1007/s13199-022-00837-0.

Giovannetti, M. et al. (2004). Patterns of below-ground plants interconnections established by means of arbuscular-mycorrhizal networks. *New Phytologist, 164:* 175-181.

Hetherington, A. M. (ed.), (2004). *New Phytologist.* Special issue: Mycorrhizal research now. *242:* 1395-1845.

Karst, J., Jones, M. D., y Hoeksema, D. (2023). Positive citation bias and overinterpreted results lead to misinformation on common mycorrhizal networks in forests. *Nature Ecology and Evolution, 7:* 501-511. https://doi.org/10.1038/s41559-023-01986-1.

McCoy, P. (2016). *Radical Mycology.* Chthaeus Press, Portland, Oregon.

Selosse, M. A. (2017). *Jamais seul. Ces microbes qui construisent les plantes, les animaux et les civilizations.* Actes Sud.

Sheldrake, M. (2020). *Entangled Life. How Fungi make our Worlds, change our Minds, and shape our Futures.* The Bodley Head.

Simard, S. W. et al. (1997). Net transfer of carbon between ectomycorrhizal tree species in the field. *Nature, 388:* 579-582.

Smith, S., y Read, D. (2008). *Mycorrhizal Symbiosis.* (3ed ed.). NY: Academic Press.

Taylor, T. N., Remy, W., Hass, H., y Kerp, H. (1995). Fossil arbuscular mycorrhizae from the Early Devonian. *Mycologia, 87:* 560-573.

5

LA AMISTAD ENTRE PLANTAS Y BACTERIAS QUE DA DE COMER A LA HUMANIDAD

«Microbes are Earth's alchemists, transforming the most basic elements into life-sustaining compounds»
JUSTIN SONNENBURG

«Los microbios son los alquimistas de la tierra, transforman los elementos más básicos en compuestos vitales»
(TRADUCCIÓN DEL AUTOR)

La soja (*Glycine max*) pertenece al puñado de plantas, no más de una docena, de las que depende la alimentación de la humanidad. Su cultivo alcanza los 350 millones de toneladas anuales, con Brasil, Estados Unidos y Argentina como principales productores, muy por delante de los demás. De la soja se utilizan sobre todo sus semillas, ricas en aceites no saturados y con un elevado porcentaje de proteína, hasta el 40% de su peso seco, lo que la convierte en la principal fuente de proteína vegetal del mundo (figura 5.1). Tanto las semillas como sus productos derivados se emplean masivamente en la alimentación humana, pero también en la del ganado y las aves de corral. La leche de soja y el tofu son los preparados más populares, pero la soja forma parte como aditivo en muchísimos alimentos, como hamburguesas, *pizzas* y repostería. Por otra parte, el aceite de soja representa casi la mitad de todos los aceites vegetales. Recientemente se ha empezado a utilizar el resto de la planta como biomasa para la generación de biocombustible.

El cultivo de la soja se conoce en China y Japón desde hace al menos 5000 años, pero su extensión a Occidente es muy moderna. Comenzó hace tan solo 50 años y alcanzó un enorme auge a finales de siglo. La creciente demanda mundial de los productos de soja ha llevado a extender sus plantaciones a antiguas zonas de pastos y bosques. Parte del preocupante retroceso de la selva amazónica y de otros ecosistemas forestales se debe a la búsqueda de nuevas tierras para esta planta tan apetecible (figura 5.2).

Desde el punto de vista agrícola, la soja ofrece grandes ventajas frente a otros cultivos. Especialmente beneficiosa es su capacidad para fijar nitrógeno atmosférico y convertirlo en aminoácidos y proteínas. Por ello, los restos vegetales de esta planta, después de la recolección de las semillas, sirven como fertilizante natural, aportan hasta 500 kg de nitrógeno por hectárea. El equivalente a 20 sacos de fertilizante en una extensión similar a un campo de fútbol. Un enorme ahorro para los agricultores, que solo deben aportar fosfatos para garantizar la

Figura 5.1.—Detalle de las hojas y los frutos de la soja.
Fuente: iStock.com/Mailson Pignata.

viabilidad indefinida de sus cultivos. El secreto de esta especie de milagro vegetal está oculto entre sus profundas raíces. Se trata de pequeños nódulos blanquecinos o rosados que albergan una comunidad de bacterias intracelulares capaces de convertir el nitrógeno molecular en amonio, utilizable para las plantas.

Las bacterias simbióticas pertenecen al género *Rhizobium*. Son comunes a la inmensa mayoría de las más de 20.000 especies de las leguminosas (*Fabaceae*), la gran familia a la que pertenece la soja y que siempre ha acompañado al ser humano en sus múltiples transiciones desde los grupos de cazadores-recolectores paleolíticos a los asentamientos agrícolas neolíticos. Este cambio crucial se ha producido en todos los continentes, salvo en Australia, pero nunca sin el concurso de leguminosas suministradoras de proteínas: en el Creciente Fértil y en Europa, las habas (*Vicia faba*), los guisantes (*Pisum sativum*) y las lentejas (*Lens culinaris*); en la India, los garbanzos (*Cicer arietinum*); en América, las judías (*Phaseolus vulgaris*) y los cacahuetes (*Arachis hipogea*); en África, las carillas (*Vigna ungiculata*); y como hemos visto, en China, la soja. Leguminosas silvestres como la alfalfa (*Medicago sativa*), los tréboles (numerosas especies del género *Trifolium*), los altramuces (numerosas especies del género *Lupinus*), las acacias (numerosas especies del género *Acacia*) o los algarrobos (*Ceratonia siliqua*) son la principal fuente de proteínas para los herbívoros, tanto silvestres como domésticos. Los ganaderos saben muy bien que estas plantas son un componente imprescindible en el forraje de sus animales.

Figura 5.2.—Campos de soja.

Todo este torrente nutritivo se inicia en los pequeños nódulos radiculares, cuya estructura y funcionamiento es uno de los grandes temas de la agronomía y de la ecología funcional.

5.1

LOS NÓDULOS DE *RHIZOBIUM* POR DENTRO Y POR FUERA

En las raíces de las leguminosas los nódulos aparecen como vesículas, claramente diferenciadas, de tan solo unos pocos milímetros, aunque en algunos casos pueden superar el centímetro de longitud (figura 5.3).

La endosimbiosis se produce en el interior de las células del hospedador, en la zona central del nódulo.

La morfología del nódulo está determinada por la planta y no por la bacteria simbiótica. Pueden ser alargados o incluso ramificados, provistos de un meristemo en el ápice que permite un crecimiento continuo, si bien bastante limitado; o pueden ser globulares, sin meristemo ni crecimiento apical. En un estado maduro de simbiosis, ambas formas nodulares muestran un aspecto exterior sonrosado, que pasa a verde y marrón oscuro a medida que el nódulo envejece.

En la zona infectada, prácticamente todas las células del hospedante contienen una población de *Rhizobium*. Habitualmente, las bacterias están situadas dentro de una vacuola, limitada por una membrana, que puede ocupar la mayor parte de la célula vegetal. Los *Rhizobium* en simbiosis muestran una morfología muy diferente a los de vida libre. Pueden llegar a alcanzar un volumen celular hasta 40 veces superior; pierden los flagelos y su superficie muestra numerosas invaginaciones, lo cual aumenta la superficie de contacto con la célula hospedadora. En casos extremos, llegan a perder su membrana, convirtiéndose en simples protoplasmas endocelulares. Como era de esperar, son muy ricos en la enzima nitrogenasa, imprescindible en la fijación de nitrógeno molecular.

La población de *Rhizobium* libre en el suelo se multiplica rápidamente cuando en sus alrededores aparece una leguminosa. Se ha comprobado que los exudados de la raíz estimulan este notable crecimiento y además atraen a las bacterias, que con sus dos flagelos pueden desplazarse hasta contactar con la raíz. La infección comienza cuando una bacteria se adhiere a la superficie de un pelo radicular, que entonces se revuelve sobre sí mismo, como el extremo de un bastón. Seguidamente se forma un canal de infección, por el que las bacterias son conducidas hacia el interior del córtex radicular. Una vez que el canal de infección ha atravesado tres o cuatro capas de células en el córtex, comienza a ramificarse y a invadir todas las células circundantes. Hay suficientes evidencias para afirmar que este proceso de infección está fundamentalmente dirigido por la planta hospedadora, que de esta forma juega un papel muy activo regulando la proliferación y distribución de *Rhizobium* en su interior.

Como ya hemos contado, el amonio (NH_4) es la forma molecular en la que el simbionte bacteriano transfiere el nitrógeno a las células de la planta hospedante. La tasa de fijación de nitrógeno en los nódulos depende en gran medida de la actividad fotosintética de la planta. El proceso de fijación, mediado por la nitrogenasa, es muy demandante de energía, que debe obtenerse de los carbohidratos, sacarosa en la mayor parte de las leguminosas, generados a partir de la energía solar. Si la concentración de CO_2 en la atmósfera aumenta, la respuesta es una mayor fotosíntesis y un marcado aumento de la fijación de nitrógeno. Un proceso de retroalimentación positiva que la actividad humana está provocando en todo el mundo.

Los nódulos pueden llegar a consumir hasta la tercera parte de los fotosintatos generados por la planta, aunque lo normal es que el consumo sea similar al de las micorrizas y oscile entre el 15% y el 25%. Aproximadamente la mitad del carbono transferido a los nódulos retorna a la raíz en forma de compuestos orgánicos nitrogenados; el resto es empleado para la respiración y el crecimiento nodular.

Figura 5.3.—Raíces de soja, con abundante nodulación.
Fuente: iStock.com/Tomasz Klejdysz

El grado de nodulación se ve notablemente influenciado por una variedad de factores ambientales, en concreto, el pH del suelo, el contenido en nitrógeno, la disponibilidad de fosfatos y el grado de humedad.

En suelos muy ácidos, con pH por debajo de 4, la nodulación está totalmente inhibida. Las áreas con vegetación de turbera, por ejemplo, que ocupan amplias zonas de latitudes altas, sobre todo en el hemisferio norte, no desarrollan esta simbiosis, a pesar de que puedan crecer algunas especies de leguminosas. De igual forma, el pH muy alcalino, por encima de 10, también es incompatible con la nodulación, aunque es muy raro encontrar este tipo de suelos hiperbásicos de forma natural.

Los suelos con alto contenido en nitrógeno suelen provocar un grado muy bajo de nodulación o inhibirlo por completo. Por eso, en los cultivos de leguminosas fertilizados artificialmente la simbiosis con *Rhizobium* está prácticamente ausente. Igualmente sucede en zonas muy eutrofizadas, aunque no se trate de explotaciones agrícolas. La fijación biológica de nitrógeno es un proceso con una alta demanda energética y no se pone en marcha cuando hay nitrógeno suficiente en el medio.

La deficiencia de fosfato limita drásticamente la nodulación. Esto es debido a la necesidad de sintetizar altos niveles de ATP para atender a los requerimientos energéticos antes mencionados. El fósforo es un elemento escaso y limitante en la mayoría de los ecosistemas naturales; sin embargo, su asimilación puede verse notablemente mejorada a través del establecimiento de micorrizas, generalmente arbusculares. De esta forma, las leguminosas llegan a establecer simbiosis tripartitas que de forma óptima resuelven los requerimientos nutricionales de la planta.

Finalmente, en las amplias zonas áridas del planeta, la simbiosis con *Rhizobium* se encuentra limitada por la falta de humedad en el suelo. En los lugares donde se alternan épocas de lluvia y de sequía, la nodulación se adapta a este ritmo estacional, incrementándose o disminuyendo en función de la disponibilidad de agua. Tampoco las zonas palustres, habitualmente inundadas, son adecuadas para la formación de nódulos, probablemente debido a la falta de aireación del suelo, que limita la disponibilidad de oxígeno para la respiración a nivel radicular.

5.2

Leghemoglobina: ¿sangre vegetal?

Como es bien sabido, la hemoglobina es la molécula encargada de captar el oxígeno en nuestros pulmones y repartirlo por todo el organismo. Es una molécula grande y compleja que, además, transporta el CO_2 producido por el metabolismo celular para que sea exhalado en la respiración. Existe otra hemoglobina menos popular, la mioglobina, de estructura más sencilla, restringida a los músculos y sobre todo al músculo cardiaco, el miocardio. La inmensa mayoría de los animales poseen ambos tipos de hemoglobina, en proporción variable. En el notable caso del cachalote, la mioglobina es especialmente abundante y está relacionada con la capacidad de captar y repartir él oxígeno por la enorme masa muscular de este cetáceo, lo que le permite inmersiones muy prolongadas a una profundidad que puede alcanzar los 1000 m.

Tal vez sea menos conocido que en la naturaleza se encuentra un tercer tipo de hemoglobina, la leghemoglobina, restringida a los nódulos de las leguminosas en simbiosis con *Rhizobium*. Como sus hermanas animales, la leghemoglobina es de color rojo, pues presenta también un átomo de hierro en su estructura molecular. En todos los casos, es el hierro el encargado de captar el oxígeno molecular del aire o el disuelto en el agua. Pero ¿para qué le sirve a una planta, que carece de sistema muscular o nervioso, este fluido sanguíneo? Pues para dos funciones esenciales. Por un lado, recordemos que la enzima nitrogenasa inhibe su actividad en presencia de oxígeno (véase el capítulo dedicado a las cianobacterias). La leghemoglobina ligaría las moléculas de oxígeno en las cercanías de la enzima y las conduciría a otras zonas celulares, produciendo un medio hipóxico, ideal para el buen funcionamiento de la fijación de nitrógeno. Por otro, transportaría este oxígeno a las mitocondrias de las células vegetales encargadas de la respiración, mejorando el aporte energético de estos orgánulos. La eficiencia en este eficaz manejo del oxígeno se corresponde con la extraordinaria afinidad de la leghemoglobina por esta molécula, de diez a veinte veces superior a la de las otras hemoglobinas. El viaje de la leghemoglobina es, sin embargo, mucho más modesto que el de sus hermanas, veloces, a bordo de glóbulos rojos impulsados por el torrente sanguíneo. Está li-

mitado a un tránsito en el interior de cada célula radicular, desde las vacuolas repletas de rizobacterias hasta las mitocondrias. Naturalmente,
el característico color rosado de los nódulos saludables es debido a esta
sorprendente hemoglobina vegetal.

5.3

Actinorrizas. Bacterias que ayudan a la colonización vegetal en medios hostiles

La isla de Krakatoa pertenece a un pequeño archipiélago situado
entre las islas de Java y Sumatra. Es mundialmente famosa por haber
sido escenario de la mayor erupción volcánica en tiempos históricos.
Entre el 26 y el 27 de agosto de 1883, una serie de gigantescas explosio-
nes volatilizaron gran parte de la isla, con catastróficas consecuencias a
nivel local y efectos apreciables en todo el planeta. Se calcula que entre
30.000 y 100.000 personas murieron inmediatamente o poco después de
la erupción, como resultado del gran tsunami provocado por el terre-
moto-maremoto ligado al evento eruptivo. La potencia de la tercera y
más potente explosión fue del orden de 200 megatones, es decir, unas
1300 veces la magnitud de la bomba atómica que estalló sobre Hiroshi-
ma. Un volumen de unos 25 km^3 de rocas, similar al de todas las edifi-
caciones de una gran ciudad, fueron inyectados a la atmósfera. Sus partículas más finas llegaron hasta la estratosfera y pasaron años orbitando
la Tierra, hasta ser lentamente depositadas sobre la superficie. En Europa, los atardeceres se tiñeron durante meses de colores extraordina-
rios. El cielo se encendía, con el Sol formando estelas de rojo, magenta
y violeta. Estos crepúsculos únicos fueron captados por artistas con-
temporáneos, como Eduard Munsch, que en su famoso cuadro *El grito*
plasma los fuertes bandeados del cielo, con colores intensos que subra-
yan el dramatismo de la escena. Debido a la intercepción de la energía
solar por este polvo volcánico, se produjo un enfriamiento generaliza-
do del clima, que redujo el rendimiento de las cosechas a nivel mundial,
incluso durante varios años posteriores a la erupción. Los cálculos indican
un descenso de 1,2 °C de la temperatura global, que se mantuvo durante cuatro años, con nevadas y heladas en pleno verano.

De Krakatoa no quedó sino unos cuantos islotes esterilizados por la explosión, las dos terceras partes de la isla se habían volatilizado. En una primera visita, en mayo de 1884, las autoridades holandesas, la potencia colonial en aquella época, no descubrieron el menor signo de vida, salvo una pequeña araña escondida en una grieta. Pero, solo unos meses más tarde, se detectó una abundante germinación y un remarcable crecimiento del llamado «pino australiano» (*Casuarina equisetifolia*) (figura 5.4). Por supuesto, la simbiosis no era ajena a este milagro biológico.

La gran erupción coincidió con un periodo dorado en el estudio de las ciencias ambientales, por lo que los restos de Krakatoa se convirtieron de inmediato en un laboratorio al aire libre para estudiar procesos de colonización animal y vegetal. Desde el principio *Casuarina equisetifolia* se reveló como una especie clave. Este arbolillo recibe el nombre común de «pino australiano», debido a que sus ramas y frutos recuerdan a una conífera, aunque, en realidad, está emparentado con nuestros robles y hayas. Con frecuencia, es la única planta leñosa en los suelos más pobres del Pacífico tropical: arenales, pedregales o antiguas lavas volcánicas. Este comportamiento pionero tiene mucho que ver con la capacidad de *Casuarina* para establecer múltiples simbiosis, tanto con hongos arbusculares como con bacterias. En este caso, se trata de las llamadas «actinobacterias», del género *Frankia*. También son fijadoras de nitrógeno, pero, a diferencia de *Rhizobium*, no son flageladas, sino filamentosas, y se agrupan en colonias más o menos ramificadas, con cierta semejanza a un hongo minúsculo, lo que justificó su inclusión en el antiguo género *Actinomyces*. A su asociación con las raíces se la denomina «actinorriza».

Las actinorrizas se han encontrado en más de 140 plantas hospedadoras, distribuidas en 24 géneros y 8 familias, todas angiospermas, ninguna de ellas leguminosa y la mayoría árboles o arbustos. Aunque menos abundantes a nivel mundial que los nódulos con *Rhizobium*, su especificidad hacia plantas colonizadoras les otorga un papel muy relevante desde el punto de vista ecológico. Entre ellas se encuentra el arbusto europeo colonizador de dunas *Hippophae rhamnoides*, que contribuye a la sucesión en estos hábitats infértiles, enriqueciendo el suelo con nitrógeno. En áreas de montaña recientemente descubiertas de hielo por el retroceso glaciar, o en zonas sometidas al impacto periódico de

Figura 5.4.—*Casuarina equisetifolia*, una planta pionera en los arenales tropicales. Fuente: iStock.com/Казаков Анатолий Павлович.

aludes, son típicas las especies ártico-alpinas con actinorrizas, de los géneros *Alnus* (alisos), *Dryas*, *Myrica* y, una vez más, la generalista *Hippophae*. Esta comunidad vegetal ha sido esencial durante las primeras etapas de la colonización vegetal en las enormes extensiones de Norteamérica y Europa afectadas por la última glaciación.

La estructura de las actinorrizas es muy diferente a la de los nódulos de las leguminosas. Dan lugar a formas coraloides, grandes, de varios centímetros, fuertemente ramificadas y perennes. Algunas llegan a pesar hasta 0,5 kg, con un tamaño similar a una pelota de fútbol, y persisten durante varios años. También su forma de infección de la raíz es distinta; no afectan al tejido vascular, sino solo a la zona cortical, aunque coinciden en su carácter intracelular. Las células del hospedador aparecen repletas de apretados grupos de bacterias ramificadas. Como en los nódulos, la infección comienza en los pelos radiculares, que se retuercen englobando la zona de simbiosis. Posteriormente se induce la característica ramificación coraloide de la raíz. Existen algunos indicios, no del todo convincentes, sobre la síntesis de hemoglobina en las actinorrizas. Sin embargo, la reciente secuenciación de genes codificantes de hemoglobina, similares a los de los nódulos de las leguminosas, parece confirmar esta posibilidad.

Otras cepas bacterianas fijadoras de nitrógeno en el suelo muestran diversos grados de intimidad en su contacto con las raíces. Por ejemplo, *Azotobacter paspalum* se encuentra solo en asociación con las raíces de la gramínea tropical *Paspalum notatum*, muy valorada por su capacidad de persistencia y colonización en suelos pobres. La bacteria puede permanecer pegada a la raíz por una excrecencia mucilaginosa o llegar a penetrar en las células corticales. En hábitats acuáticos, las bacterias fijadoras de nitrógeno abundan en la rizosfera, como en las extensas praderas marinas de *Zostera*, tan importantes en el ecosistema de aguas poco profundas. De igual forma, en agua dulce, las bacterias fijadoras proliferan en la zona de enraizamiento de *Potamogeton*, una de las plantas acuáticas más abundantes de Europa. Empero, las tasas de fijación de nitrógeno de estas simbiosis, un tanto difusas, no son comparables a las de los nódulos de *Rhizobium* o a las de las actinorrizas.

Actinorrizas y rizobacterias asociadas con arbustos pioneros contribuyen de forma sustancial al profundo cambio en el pasisaje que se está produciendo en las altas montañas europeas, tanto por efecto del cambio climático como por el cambio de uso del territorio. En los Alpes, por ejemplo, el aliso de montaña (*Alnus viridis*) y sus acinorrizas asociadas se han extendido de manera espectacular sobre los pastos de montaña y aportan tanto nitrógeno al suelo que impide la recuperación de las praderas alpinas e incluso el desarrollo del bosque, disminuyendo drásticamente la biodiversidad. Algo diferente sucede en las soleadas laderas del Pirineo aragonés, donde los arbustos de erizón, *Echinospartum horridum*, favorecidos por el calentamiento climático y ayudados por sus nódulos con *Rhizobium*, van ocupando de forma imparable zonas que durante siglos se habían mantenido como pastos de verano en alta montaña. La menor presión ganadera está facilitando también este cambio paulatino. El suelo cubierto de erizón, con su gran aporte de nitrógeno y la fresca sombra guarnecida por un cojín de aguzadas espinas, es un hábitat muy acogedor para la germinación y crecimiento de plántulas de pino silvestre (*Pinus sylvestris*), pino negro (*Pinus uncina-*

ta) y boj (*Buxus sempervirens*), que poco a poco van sombreando a su planta bienhechora, privándola del sol, tan necesario para su supervivencia. En etapas posteriores se desarrolla un bosque de pinos con matorral de boj, ambos con sus micorrizas correspondientes, que desplazan al pionero y humilde erizón; unas simbiosis forestales más estables sustituyen a otras pioneras. Malas noticias para el ganadero, que ve cómo su territorio se va estrechando año tras año, pero buenas para muchas especies de pájaros, para los buscadores de setas y, especialmente, para los líquenes, que ahora encuentran en las ramas y troncos del nuevo bosque un sustrato favorable; otra simbiosis que se suma a este ciclo sin fin.

Bibliografía relacionada

Alados, C. L. et al. (2011-2014). Dinámica de la interacción pasto-arbusto y su efecto en la conservación de las comunidades vegetales alpinas del Parque Nacional de Ordesa y Monte Perdido. *Proyectos de investigación en parques nacionales:* 2011-2014.

Ardley, J., y Sprent, J. (2020). Evolution and biogeography of actinorhizal plants and legumes: A comparison. *Journal of Ecology, 109:* 1098-1121. DOI: 10.1111/1365-2745.13600.

Bühlmann, T., Körner, C., y Hitbrunner, E. (2016). Shrub Expansion of Alnus viridis Drives Former Montane Grassland into Nitrogen Saturation. *Ecosystems,* 19: 968–985. https://doi.org/10.1007/s10021-016-9979-9.

Feng, H. et al. (2023). Listening to plant's Esperanto via root exudates: reprogramming the functional expression of plant growth-promoting rhizobacteria. *New Phytologist, 239:* 2307-2319. doi: 10.1111/nph.19086.

Pawlowski, K., y Demchenko, K. N. (2012). The diversity of actinorhizal symbiosis. *Protoplasma, 249:* 967-979. DOI 10.1007/s00709-012-0388-4.

Selosse, M. A. (2017). *Jamais seul. Ces microbes qui construisent les plantes, les animaux et les civilizations.* Actes Sud.

Singh, S., y Varma, A. (2017). Structure, Function, and Estimation of Leghemoglobin. In *Rhizobium biology and Biotechnology* (eds. Hansen, A. P., Choudhary, D. K., Agrawal, P. K., y Varma, A.). Soil Biology, *50:* 309-330. Springer.

Wang, E. T. et al. (2019). *Ecology and Evolution of Rhizobia. Principles and Applications.* Springer.

6

ALGAS Y HONGOS ASOCIADOS CONSIGUEN LLEGAR HASTA EL INFINITO Y MÁS ALLÁ

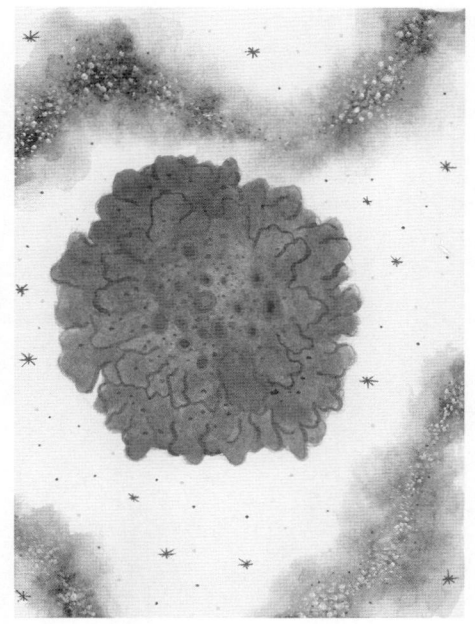

«In the intricate world of lichens, nature's artistry is on full display,
weaving colors and forms in the most unlikely places»
DAVID ATTENBOROUGH

«En el intrincado mundo de los líquenes, el arte de la naturaleza se despliega por completo, tejiendo colores y formas en los lugares más inesperados»
(TRADUCCIÓN DEL AUTOR)

«Lichens are like miniature ecosystems, demonstrating the beauty of
cooperation in nature»
Stephen Sharnoff

«Los líquenes son ecosistemas en miniatura, mostrando la belleza de
la cooperación en la naturaleza»
(Traducción del autor)

«Lichens are fungi that have discovered agriculture»
Trevor Goward

«Los líquenes son hongos que han descubierto la agricultura»
(Traducción del autor)

Los líquenes en la naturaleza

La isla Navarino, ubicada en la ribera sur del canal Beagle, es uno de los lugares más maravillosos de Tierra del Fuego. Sus agudos picos, conocidos como «Los Dientes de Navarino», contrastan con profundos valles salpicados de lagos y cubiertos de bosques que se extienden hasta la misma orilla del mar. La pequeña población de Puerto Williams sirve como base de la marina chilena y como centro administrativo de la provincia de Cabo de Hornos. En la actualidad, también alberga el Centro Internacional de Cabo de Hornos (CHIC, por sus siglas en inglés), dedicado a la investigación ecológica y cultural de la región. A pocos kilómetros de distancia, nuestros colegas de la Universidad de Chile y la Fundación Omora han puesto en marcha una iniciativa única de conservación y divulgación, conocida como «El sendero de los bosques en miniatura». A lo largo de un camino circular de poco más de un kilómetro, que discurre por bosques y roquedos, se disponen una serie de estaciones, destinadas a mostrar un mundo desconocido para la mayoría de los visitantes. Equipados con una lupa de diez aumentos y una guía de campo didáctica y bien ilustrada, los senderistas deben descubrir el diminuto y maravilloso universo de los líquenes y musgos que habitan en los bosques más australes del mundo.

Hay dos razones que impulsan y explican el éxito de este proyecto. La más obvia es que, mientras en estos bosques fueguinos crecen poco más de un centenar de plantas con flores y helechos, se han catalogado cerca de mil especies de líquenes y musgos. Pero tal vez la más convincente sea que, con un poco de tiempo y atención, se penetra en una belleza extraordinaria y oculta, que será, para aquellos que tengan la paciencia de observarla, una revelación inolvidable (figura 6.1). Niños, estudiantes universitarios, marinos y turistas adquieren una nueva apreciación por la riqueza natural que les rodea. Para los visitantes más atentos, este corto

Figura 6.1.—El liquen *Nephroma antarcticum* sobe ramas de haya austral en los bosques de Tierra del Fuego (Chile).

sendero puede representar horas de observación fascinada. El nombre de «turismo con lupa» que sus promotores dan a esta actividad está ganando popularidad y es probable que se desarrolle en otros lugares de América. Sin embargo, es difícil competir en términos de conservación y belleza natural con los paisajes casi vírgenes de la región subantártica de Tierra de Fuego y Cabo de Hornos. La intensa transformación de la naturaleza sufrida en ambos subcontinentes americanos apenas ha afectado a este laberinto de canales, glaciares y bosques, que se conservan prácticamente intactos desde que Darwin los visitara a bordo del Beagle en 1833.

Sin embargo, la mayor parte del mundo no ha corrido la misma suerte. Ante la magnitud de la transformación o destrucción de los ecosistemas naturales que hemos causado durante los últimos siglos, el destino de seres tan humildes como los líquenes parece muy secundario. Realmente lo es, al menos en lo que respecta a su contribución a la estabilidad y la productividad de la biosfera a nivel global. Aparentemente inútiles, como la mayor parte de las mariposas, los pájaros y las flores silvestres, su destino es el mismo que el de toda la naturaleza que vio nacer a nuestra especie, solo que ellos desaparecen antes. Su silenciosa extinción es el anuncio de lo que está por venir. La desaparición de los líquenes es el preludio de la decadencia de la naturaleza, de la extinción masiva de todo tipo de especies y del empobrecimiento de la vida.

Los líquenes son tan dependientes de la buena conservación de la naturaleza que se puede afirmar que todos los lugares del mundo donde abundan son auténticas joyas de la biodiversidad. Los líquenes están presentes en las montañas más abruptas, en estepas y desiertos, siempre que haya suficiente humedad en el aire, aunque no llueva; en las regiones polares, en islas remotas, en los bosques mejor conservados, etc. Desaparecen de zonas alteradas por la contaminación, la agricultura intensiva y la actividad industrial. Muy pocas, entre sus miles de especies, soportan acompañar al hombre en sus idas y venidas por este planeta. Es obvio que, en lugares aislados y vírgenes como la Antártida y la Tierra del Fuego, abundan.

Los líquenes son producto de la lentitud y el equilibrio. El tiempo es un ingrediente fundamental de su belleza. Un liquen creciendo sobre un viejo árbol es un resumen perfecto de la intensa vida disfrutada por ambos a lo largo de los siglos. El roquedo cubierto de líquenes es un mural vivo que nos cuenta una larga historia de hielo y nieve, con mayor precisión que todos los datos climáticos acumulados.

A diferencia de otros seres fotosintetizadores, que suelen ser verdes, la simbiosis liquénica, al igual que los arrecifes coralinos, ha respondido al arcoíris, ya que sus múltiples colores son una expresión de las distintas bandas que componen la luz visible. Del mismo modo que sucede con los corales, no toleran la turbidez ni la polución. En la actual crisis ambiental, ambos comparten un oscuro destino.

6.2
LA NATURALEZA DE LOS LÍQUENES

También como los corales, los líquenes son el resultado de una asociación de mutuo beneficio, una simbiosis. En este caso, sus componentes principales son un hongo filamentoso, casi siempre un ascomiceto, y una población de células verdes que pueden corresponder a un alga clorófita o a una cianobacteria. Se trata de los únicos organismos que exhiben una simbiosis permanente entre hongos y fotosimbiontes unicelulares. El hongo es responsable de la construcción tridimensional y muy organizada del liquen, y el alga es la fuente de hidratos de carbono de la que se nutren ambos simbiontes. Recientemente se han encontrado también, en abundancia, otros componentes microbianos ligados a la simbiosis liquénica y que hasta ahora habían pasado desapercibidos: numerosas colonias bacterianas muy específicas prosperan adheridas a la superficie o en el interior del liquen, y levaduras unicelulares colonizan las capas corticales de muchas especies. Se trata, por tanto, de una asociación compleja; un microecosistema, o un «holobionte», según el concepto preferido por los liquenólogos en la actualidad.

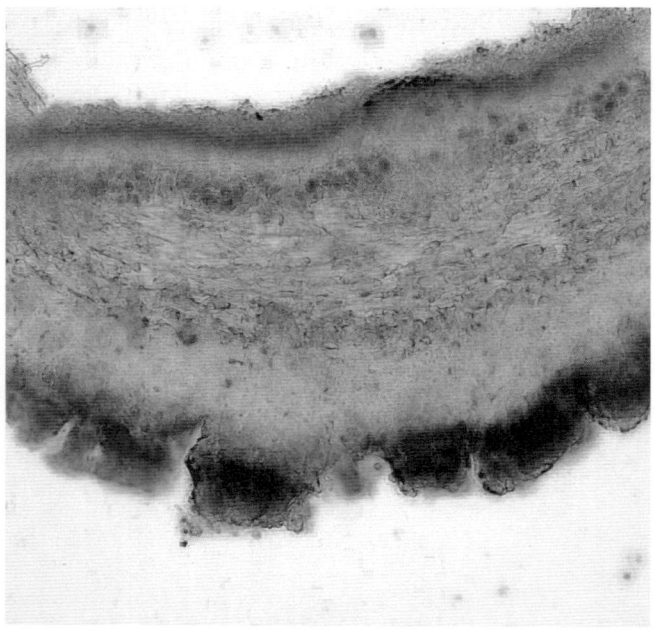

Figura 6.2.—Sección transversal de un liquen mostrando su característica organización en capas, con el fotosimbionte justo por debajo del córtex superior.

La mayoría de los líquenes se organizan en capas, de forma análoga a la estructura de las hojas de un árbol. En su parte superior el hongo construye una recia corteza con células de paredes muy gruesas y acumula cristales y pigmentos de colores llamativos. Justo por debajo de esta cubierta protectora, pero lo más cerca posible de la luz, se distribuye la población de células verdes del fotosimbionte. En el caso más frecuente, se trata de clorófitos unicelulares, con grandes células esferoidales rellenas de un solitario, pero enorme, cloroplasto. Estos glóbulos verdes son estrechamente abrazados por las células tubulares («hifas») del hongo. Es, sin embargo, un abrazo delicado, que ni deforma ni penetra en las células algales, pero que absorbe con avidez los carbohidratos producidos por la fotosíntesis. Se trata, por lo tanto, de una simbiosis extracelular. Debajo de esta activa capa simbiótica se despliega una algodonosa zona de largas hifas entrelazadas que contribuye a la aireación y a la flexibilidad del liquen. Luego, en muchas ocasiones, se desarrolla una capa cortical, simétrica a la superior y de la que pueden surgir pelos y cilios que ayudan a fijar al liquen al sustrato (figura 6.2).

Los fotosintatos que el alga transfiere al hongo son en su mayor parte azúcares alcohólicos o «glicitoles», como ribitol, sorbitol o eritritol. Las cianobacterias, sin embargo, producen glucosa. El hongo es capaz de inducir y modular la secreción de estos carbohidratos en su socio fotosintetizador.

Aunque son básicamente hongos filamentosos, los líquenes han explorado multitud de formas y estrategias de crecimiento. Pueden confundirse con una simple mancha en la corteza o en la roca, como si alguien hubiera estado haciendo pruebas de color con espráis antes de comenzar un grafiti. Seguro que muchos montañeros o senderistas toman por color natural de las piedras y los troncos lo que en realidad es una cubierta continua de líquenes. Otros muchos tienen un aspecto más desarrollado, más foliáceo; sus lóbulos se extienden sobre el sustrato al que se adhieren mediante pelillos de su cara inferior. En otros casos, resultan inconfundibles, incluso para el profano, porque cuelgan como largas barbas de las ramas de los árboles o crecen como pequeños arbustos sobre las rocas. Los líquenes colgantes solo existen en bosques antiguos, que disfrutan de un aire puro y fresco. Para Tolkien eran los acompañantes de los árboles andantes, los Elms, y sus viejos bosques de *El señor de los anillos* (figura 6.3).

Figura 6.3.—Líquenes «barba de viejo», del género *Usnea*, creciendo abundantemente sobre troncos de *Nothofagus pumilio* en Tierra del Fuego (Chile).

La diversidad liquénica no se reparte de forma simétrica entre sus dos simbiontes. Existen cerca de 20.000 especies de ascomicetos liquenizados por solamente un centenar de algas y cianobacterias. Esto significa que las mismas especies de algas acompañan a cientos o a miles de hongos diferentes. Tampoco las formas reproductivas se distribuyen equitativamente. El único simbionte con capacidad de reproducción sexual es el hongo, mientras las algas deben conformarse con la propagación mediante formas celulares de resistencia, pero sin intercambio genético entre ellas.

Pero un liquen es mucho más que la suma de sus simbiontes. En realidad, es un acogedor microecosistema que engloba a multitud de bacterias muy específicas de esta simbiosis y a levaduras (basidiomicetos) que pueden vivir inmersas en la capa cortical de algunos líquenes colgantes y foliáceos.

La originalidad de los líquenes también abarca la química, pues sintetizan moléculas únicas en la naturaleza (denominadas ácidos liquénicos o, en general, sustancias liquénicas), exclusivas de esta simbiosis, que no son producidas por ninguno de sus componentes en cultivos aislados. Muchos de los pigmentos que otorgan a los líquenes su amplia gama de colores se acumulan en el córtex y actúan como protectores solares, sobre todo frente a la radiación ultravioleta (por ejemplo la atranorina, la parietina o el ácido rizocárpico), mientras otros se almacenan en la capa médular y tienen propiedades antiherbívoros o antibióticas (por ejemplo, el ácido girofórico y el ácido úsnico). Muchas de estas sustancias liquénicas tienen también un importante papel antioxidante, que está siendo intensamente investigado por su capacidad para prevenir el envejecimiento o la degeneración de tejidos en órganos vitales. Por ejemplo, la «ramalina», obtenida del liquen antártico *Ramalina terebrata*, en estudio de laboratorio ha demostrado ser muy eficaz para prevenir la fibrosis hepática. Por otra parte, fue reportado por primera vez en 2021 que estos metabolitos secundarios también exhiben capacidad antioxidante y mejoran la función neuronal en un modelo de enfermedad de Parkinson, una enfermedad neurodegenerativa a cuya aparición contribuye el estrés oxidativo. Esta vez fue el ácido evérnico, obtenido a partir de la muy común *Evernia prunastri,* el que demostró activar distintos mecanismos neuroprotectores sobre ratones, a los que les indujo un estado similar al de la enfermedad del Parkinson.

Esta acumulación de sustancias indigestas o antibióticas disuaden a la mayoría de los herbívoros, aunque no a todos. Hay caracolillos especializados en comer líquenes, especialmente sus cuerpos fructíferos, también algunos gusanos e incluso ciertos ungulados de gran tamaño, como los ciervos almizcleros del este de Siberia y los renos del Ártico, para los que la tundra liquénica, sobre todo especies de *Cladonia* y *Cetraria,* supone la base de su dieta durante el invierno.

Los discos en forma acopada que con frecuencia vemos sobre los líquenes son los sistemas de reproducción sexual del hongo, los «apotecios». Aquí, a partir de la meiosis, se forman las esporas, cada una con una dotación genética distinta, que dispersarán al hongo mediante el viento o el agua (figura 6.4). Pero también los líquenes han desarrollado estrategias para la reproducción conjunta de la simbiosis. Naturalmente, son formas de tipo asexual, que se basan en tipos más o menos sofisticados de fragmentación o de emisión de pequeños propágulos

Aprovechando el impacto y las salpicaduras de una gota de agua como vehículo de dispersión, algunos líquenes combinan de forma

Figura 6.4.—Cuerpos fructíferos en forma de copa, apotecios, en el liquen *Placopsis bicolor* de las montañas patagónicas.

maravillosa ambas estrategias, la sexual y la asexual. Las especies del género *Cladonia* producen estructuras con aspecto de elegantes trompetas (figura 6.5). En su interior se acumulan los propágulos asexuales, algo así como líquenes en miniatura con forma de escamitas, constituidos por los dos simbiontes, alga y hongo, y por lo tanto, capaces de reproducir la simbiosis una vez propulsados por una gota con suficiente puntería. Con frecuencia, justo en el borde de la copa, aparecen apotecios con esporas sexuales del hongo, de manera que las salpicaduras de una gota pueden dispersar de una vez tanto propágulos asexuales como esporas. No es extraño que, con esta óptima combinación de estrategias reproductivas, las cladonias sean uno de los tipos liquénicos más abundantes en los ecosistemas templados y fríos de todo el mundo.

Los primeros fósiles de algo que pueda ser interpretado indudablemente como un liquen proceden de finales del Silúrico, hace algo más de 400 millones de años. Como se vio en el caso de los cianolíquenes

Figura 6.5.—Trompetas de *Cladonia* preparadas para recibir el impacto de una gota de agua.

(capítulo I), se trata seguramente de simbiosis integradas por cianobacterias y hongos, que ya están estructuradas en capas, como los líquenes modernos. Sin embargo, en el período anterior, el Ordovícico, se desarrolló con singular abundancia uno de los vegetales más extraños que hayan poblado nunca nuestro planeta. Numerosos investigadores interpretan estas formas bizarras como la primera simbiosis liquénica. *Prototaxites loganii* era un hongo de hifas aseptadas (sifonales), muy parecido a los actuales glomeromicetos, que, a partir de un extenso micelio subterráneo generaba troncos columnares de casi nueve metros de altura y medio metro de diámetro, con cortas ramificaciones en su parte superior. En el registro fósil, las hifas del hongo aparecen abrazando o penetrando infinidad de células esferoidales que se han identificado como algas clorófitas; es decir, estas sorprendentes columnas no solo eran los hongos más altos de la historia, sino que además tenían un llamativo color verde. A sus pies, las primeras plantas vasculares, de apenas 30 cm de altura, parecerían un césped decorativo. Se supone que, para dar estabilidad a esta enorme estructura aérea, la quitina de las paredes fúngicas ejercía un papel similar al de la lignina en las plantas actuales. Sea como fuere, *Prototaxytes* y sus parientes se extinguieron durante el Devónico sin dejar rastro. Probablemente la competencia con la vegetación vascular, cada vez más alta y frondosa, acabó con estos rudimentarios gigantes hechos de hongo y algas.

La mayor parte de las especies de líquenes, sin embargo, son mucho más recientes. Podría decirse que su evolución corre paralela a la de las angiospermas, con un máximo de especiación en el Cenozoico, durante los últimos 65 millones de años.

6.3
El reino del frío: un mundo con dos polos y muchas islas

«To find the identical plant forming the only vegetation at the two extreme limits of vegetable life is always interesting; but to find it absolutely in both instances painting landscape, so as to render its colour conspicuous in each case five miles off, is wonderful» (Joseph Dalton Hooker 1817-1911)

«Encontrar la misma formación de plantas como única vegetación en los dos extremos de la vida vegetal siempre es interesante, pero encontrar que en ambos casos pintan el paisaje, de tal forma que sus llamativos colores se extienden hasta cinco millas de distancia, es maravilloso» (Traducción del autor).

Los contornos de la Antártida quedaron en buena parte delimitados durante la larga singladura de los navíos Erebus y Terror, que, al mando del capitán James Clarke Ross, entre 1839 y 1843 recorrieron sus costas. Ross fue el primero en aventurarse a penetrar hacia el sur, a través de la banquisa fracturada, para descubrir en el verano de 1841 el mar que ahora lleva su nombre y quedar perplejo al encontrarse a una latitud de unos 77°S con una barrera de hielo glaciar que, flotando en el mar, terminaba bruscamente en un acantilado vertical de más de 30 m de altura. Ross lo describió como algo parecido a si sus barcos se toparan con los blancos acantilados de Dover, solo que aquí las dimensiones eran enormemente superiores.

En este viaje antártico iba embarcado como biólogo ayudante el que se convertiría en uno de los botánicos más eminentes del siglo XIX, el Dr. Joseph Dalton Hooker. Su trabajo fue inmenso y sin duda sentó las bases de la biología terrestre en la Antártida y en las islas subantárticas (figura 6.6). Suya es la primera flora antártica, así como extensos estudios sobre la flora de los archipiélagos Fackland (islas Malvinas) y Kerguelen. A lo largo de su extensa vida, murió con 94 años, a Hooker le dio tiempo de visitar el Ártico y el Himalaya, donde ascendió a cerca de 7000 m, una altitud hasta entonces nunca alcanzada por un europeo; es decir, Hooker visitó los tres polos fríos del mundo y constató entusiasmado que muchas de las especies de musgos y, sobre todo, de líquenes que constituían su vegetación eran comunes a los tres sitios. Este hecho extraordinario sigue siendo un desafío para el conocimiento científico, que debe explicar el origen y la historia de la vida en lugares tan lejanos y, sin embargo, tan afines.

En la actualidad, se han identificado más de un centenar de especies de líquenes y también algunos musgos que son comunes a todos los lugares fríos del planeta, independientemente de la distancia y la latitud. Son los principales componentes de la «criosfera», el mundo del

Figura 6.6.—*Usnea aurantiacoatra* y *Himantormia lugubris*, una pareja de grandes líquenes característica de la Antártida marítima.

hielo. Sin embargo, aún quedan muchas preguntas por resolver acerca del flujo genético entre poblaciones a veces muy aisladas y sobre el origen de los distintos patrones de distribución que pueden observarse entre distintas especies o entre poblaciones intraespecíficas. Por ejemplo, el liquen finamente ramificado, de distribución planetaria, *Pseudephebe minúscula* muestra diferentes grados de parentesco entre las poblaciones antárticas y las del resto del mundo. *P. minuscula* de la península antártica está claramente emparentado con las cercanas poblaciones de Tierra del Fuego; sin embargo, las comunidades de esta especie de la Antártida continental muestran afinidades con las del Ártico.

Por otro lado, especies morfológicamente similares y con parecidas estrategias de dispersión pueden mostrar patrones de distribución muy diferentes. Así, dentro del género de líquenes foliáceos *Umbilicaria*, encontramos especies bipolares y de alta montaña comunes a toda la criósfera, como *U. decussata* y *U. aprina*; otras, endémicas de la Antártida, como *U. antarctica* y *U. kappenii*; otra, *U. krascheninikovii*, una especie conocida del Himalaya y de Groenlandia, pero en el hemisferio sur, solo presente en la península antártica; y otra, en fin, *U. africana*, solo conocida de las altas montañas de Kenia y de las islas Shetland del Sur. Realmente, todavía estamos en los inicios de comprender la historia y las vicisitudes acaecidas en la larga navegación de los viajeros tripolares.

Una excursión a las cumbres de la sierra de Guadarrama basta para adentrarnos en una de las islas del gran archipiélago helado. Por encima del límite del bosque, especialmente en las más altas cimas, descubriremos una vegetación liquénica formada por especies idénticas a las que viven en el Himalaya, Los Andes, el Ártico y la Antártida (figura 6.7). Para los habitantes del frío la Tierra es ciertamente redonda.

6.4

Cooperar es prosperar: La simbiosis como estrategia de adaptación y supervivencia

La asociación simbiótica ha permitido a hongos y algas aumentar enormemente sus poblaciones y sus posibilidades de colonización. Su éxito ecológico está basado en su estrategia de crecimiento y en su capacidad de resistencia. Los líquenes, como los musgos, son seres que se activan cuando están hidratados y entran en un estado de suspensión metabólica cuando se secan. Esta capacidad de activación y desactivación dependiente de la disponibilidad de agua, pero sin posibilidades de controlarla, se denomina «poiquilohidria». Los seres poiquilohídricos tienen, por lo tanto, una actividad intermitente y dependen del agua superficial o de la que se deposita directamente sobre ellos. Las plantas vasculares han basado su éxito evolutivo en bombear agua desde el subsuelo, una fuente mucho más previsible y con frecuencia más abundante que el agua superficial. Sin embargo, hay regiones del mundo donde esta avanzada estrategia de captación de agua alcanza su límite. En las regiones áridas, lejos de posibles acuíferos, la precipitación en forma de lluvia llega a ser demasiado escasa para permitir el crecimiento de las plantas, pero el rocío, que puede depositarse cada noche como resultado de la condensación, es aprovechado por los seres poiquilohídricos, que explotan la humedad superficial. Al mismo tiempo, en las regiones polares, el suelo permanentemente congelado puede impedir

Figura 6.7.—Pico Claveles, sierra de Guadarrama (España).

el crecimiento de las raíces, pero aportar humedad durante el verano a los musgos y líquenes que forman la tundra (figura 6.8).

La capacidad de líquenes y musgos para permanecer secos, pero vivos, es legendaria. Sin embargo, existen grandes diferencias entre especies en cuanto al grado de desecación que soportan y a la duración del periodo de inactividad al que pueden sobrevivir. El límite para la suspensión total de la actividad metabólica en líquenes suele estar en el 10% de contenido de agua con respecto al peso total. Esto corresponde a un equilibrio con un aire a 20 °C y aproximadamente un 50% de humedad relativa. Naturalmente, la desecación, incluso en condiciones naturales, puede ser mucho más intensa cuando, durante el verano, el sol golpea las rocas y calienta la superficie por encima de 60 °C. Entonces, el contenido hídrico de los líquenes y musgos puede descender hasta el 2 o el 3%. En esta situación de casi total desecación hay especies de líquenes de montaña (gen. *Umbilicaria*) y de estepas (gen. *Circinaria*) que resisten más de diez años sin perder la capacidad de volver a la vida cuando se rehidratan. Hay musgos para los que existe constancia de una resistencia aún mayor: hasta 19 años en el caso del gen. *Aenoectangium* y 14 en el gen. *Tortula*. Otras especies polares o de alta montaña, sin embargo, son más sensibles a periodos largos de inactividad. Las especies investigadas del gen. *Rhizocarpon*, por ejemplo, no soportan más de dos años en estado seco. En el otro extremo se sitúan algunas especies de líquenes y musgos de bosques muy húmedos que apenas pueden sobrevivir unas pocas horas en estado seco. El liquen *Pseudocyphellaria dissimilis*, de los bosques de lluvia neozelandeses, muere si pasa más de 20 horas con un contenido hídrico inferior al 12%, y algo parecido sucede con muchas especies de musgos y hepáticas.

Las razones fisiológicas que hay detrás de la extrema tolerancia a la desecación de algunas especies están basadas en mecanismos que ayudan a limitar los daños durante las fases de colapso celular por pérdida de agua y a movilizar rápidamente recursos para reparar estos daños, después de la rehidratación. La presencia en el citoplasma de una elevada concentración de sucrosa y polioles ayuda a mantener la ultraestructura de los orgánulos celulares durante el colapso. El mismo papel desempeñan una serie de proteínas específicas que se sintetizan

Figura 6.8.—*Thamnolia vermicularis*, un liquen bipolar
muy abundante en las altas montañas de isla Navarino (Chile).

durante el proceso de deshidratación. Además, metabolitos secundarios y antioxidantes permiten reducir al máximo los daños en las membranas celulares.

En suma, líquenes y musgos están perfectamente adaptados para responder a los vaivenes de lluvia y sequía, y a la impredictibilidad de estos episodios. Incluso la más breve hidratación es suficiente para reactivar a estos organismos de vida poiquilohídrica, que luego pueden volver a un estado latente, en un sueño que puede durar años y durante el cual se muestran especialmente resistentes a las condiciones más extremas. En alguno de los lugares más inhóspitos de nuestro planeta, como los Valles Secos de la Antártida continental, son solo algunas especies de líquenes y muy pocos musgos los representantes del mundo vegetal. Si las condiciones más extremas de nuestro planeta no han frenado su crecimiento, ¿serían capaces estos líquenes de sobrevivir más allá, en las inmensidades del espacio exterior?

6.5

EXPERIMENTOS CON LÍQUENES EN EL ESPACIO EXTERIOR

El cosmódromo de Plesetsk es una gran instalación en el norte de Rusia para el lanzamiento de cohetes espaciales que data de los tiempos de la Unión Soviética, en plena Guerra Fría. Sus austeros edificios y las rampas de lanzamiento destacan en los interminables bosques de pinos y abedules de la planicie ártica. En aquella tarde de octubre de 2002, el sol poniente avivaba los colores del horizonte y la primera y ligerísima nieve del invierno flotaba en el aire. Estaba a punto de lanzarse el gran cohete Soyuz-U, el de mayor potencia del sistema espacial ruso, que debía poner en órbita durante quince días una moderna nave, Photon-M1, con diferentes experimentos a bordo, entre ellos los correspondientes al programa de astrobiología de la Administración Espacial Europea (ESA). Estos experimentos viajaban integrados en una plataforma especialmente diseñada en la ESA, denominada BIOPAN (figura 6.9). Era una especie de olla cilíndrica, que se abriría una vez alcanzada la órbita programada, exponiendo así las muestras biológicas a las condiciones del espacio exterior. Por primera vez en la historia de la astrobiología un experimento español había sido aprobado para participar en una misión espacial. Así mismo, por primera vez los líquenes iban a ser objeto de investigación en el espacio exterior. La expectación era muy grande, y no solo en el ámbito científico.

Un fogonazo seguido por un rugido profundo anunciaron el momento del lanzamiento. La enorme nave Soyuz comenzó a elevarse majestuosa hacia el cielo encapotado. Sin embargo, unos quince segundos más tarde, un fallo en uno de los propulsores rompía la verticalidad del cohete, que instantes después se precipitaba contra el suelo. La tremenda explosión de los centenares de toneladas de hidrógeno y oxígeno líquidos en plena ignición arrasó hectáreas de bosque y mató a un teniente del ejército ruso de tan solo 20 años. El primer experimento con líquenes en el espacio había tenido un fin abrupto y trágico.

Unas semanas después, la ESA propuso repetir el experimento en un nuevo lanzamiento que tendría lugar dos años después. Insistían en que estos accidentes eran consustanciales a la aventura espacial, que debían contemplarse como gajes del oficio y que había que estar dispuesto

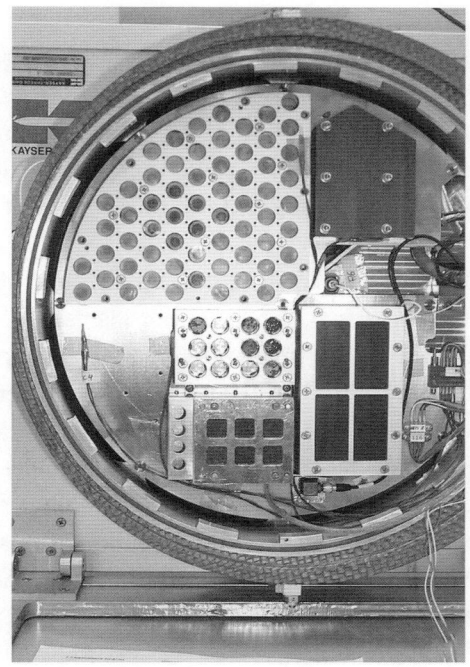

Figura 6.9.—El experimento LICHENS justo en el centro de la plataforma
BIOPAN, de la Agencia Espacial Europea, a punto de ser lanzado
en el primer experimento de astrobiología con estos organismos.

a sobreponerse e insistir. En nuestro equipo valoramos que este plan-
teamiento encajaba perfectamente en la tradición de insistencia y per-
severancia de la actividad científica y que, por lo tanto, debíamos aceptar sin reparos.

Dos años y medio después, en mayo de 2005, el experimento LI-
CHENS, diseñado conjuntamente por la Universidad Complutense y el
Instituto Nacional de Técnica Aeroespacial (INTA), era lanzado con éxito, esta vez desde el cosmódromo de Baikonur, en las estepas de Kazajistán.

Nuestros líquenes estuvieron 15 días totalmente expuestos a las
condiciones del espacio, en una órbita a unos 300 km de altura. Se
mantuvieron en condiciones de ingravidez y vacío casi absoluto, sufrie-
ron cambios bruscos de temperatura e insolación, y recibieron dosis
masivas de radiación ultravioleta de onda corta (B y C), letal para la ma-

yoría de los seres vivos. Nosotros habíamos diseñado un gradiente de filtros de radiación, desde la exposición absoluta hasta un elevado índice de protección, y confiábamos en que, al menos estos últimos, hubieran permitido la supervivencia de algunas muestras. Ahora sería cuestión de describir con precisión los daños estructurales y celulares, para comprender los efectos de esta incursión brutal en el espacio exterior.

La cápsula de reentrada Photon, con su sistema BIOPAN adosado, descendió chamuscada, pero intacta, sobre las estepas de Asia central. Unas semanas más tarde, un grupo de científicos expectantes asistíamos a la lenta apertura de BIOPAN, en los cuarteles centrales de la ESA en Nordvijk (Holanda).

En principio, las paredes ennegrecidas del estuche cilíndrico parecían haber resistido bien los más de 1200 °C de la reentrada en la atmósfera. Los experimentos no mostraban daños aparentes y fueron distribuidos entre los seis investigadores responsables de cada uno de ellos para que se los llevaran a sus respectivos laboratorios. Nosotros, en Madrid, comenzamos inmediatamente el proceso de revitalización de las muestras, es decir, de su rehidratación en condiciones controladas de luz y temperatura. Al cabo de tres días en la cámara climática, a 10 °C de temperatura constante y ciclos de luz/oscuridad de 12 horas, realizamos las primeras medidas de actividad fotosintética. Ese momento lo recuerdo como una de las mayores sorpresas de mi vida como investigador. El sistema de medida detectó desde el principio una fuerte señal de actividad en todas las muestras, incluidas las expuestas totalmente a la radiación. Los valores eran similares a los obtenidos antes del vuelo y también comparables con una réplica del experimento que había quedado en tierra como control. No había duda: los líquenes habían sobrevivido a la experiencia espacial sin daños apreciables. Ningún otro organismo de los utilizados en experimentos espaciales (esporas bacterianas, nematodos, tardígrados, esporas de hongos, semillas, esporas de algas, etc.) había mostrado una supervivencia del 100% después de una exposición total en el espacio. Unos nuevos campeones acababan de irrumpir en el exigente campo de la astrobiología.

En este momento, hay líquenes dando vueltas al planeta a bordo de la Estación Espacial Internacional, en experimentos no de 15 días, sino de varios meses o incluso de años. Durante este tiempo se han publicado decenas de trabajos con líquenes en experimentos astrobiológicos, tanto en el espacio exterior como en condiciones simuladas en grandes laboratorios de importantes institutos de investigación, como el INTA, en España, o el DLR, en Alemania. La astrobiología con líquenes es ya una robusta y autónoma línea de investigación, que tiene su propio dinamismo, aunque no debe olvidarse que surgió desde nuestras investigaciones en la Antártida, pasó por Madrid y comenzó con una trágica explosión en el ártico ruso.

Todo este esfuerzo de investigación en astrobiología, en el que los líquenes han adquirido un papel tan relevante, se dirige a tratar de encontrar evidencias sobre la existencia de vida en otros lugares del espacio, o al menos, de transferencia de propágulos vitales entre diferentes cuerpos celestes. Puesto que ambas cosas son, por el momento, extraordinariamente difíciles de demostrar o sumamente improbables, se buscan pruebas indirectas, a través de investigar cómo organismos terrestres podrían estar preparados para posibles travesías espaciales. Es la forma inversa de la teoría de la «panspermia», propuesta hace más de un siglo por el eminente científico sueco Svante Arrhenius, entre otros. Básicamente, esta teoría sugiere que la vida en la tierra pudo haberse originado por la siembra de formas vitales procedentes del espacio exterior. Como sobre esta posibilidad no se ha encontrado ninguna prueba convincente hasta el momento, se recurre a intentar probar que nuestro planeta pudiera ser fuente potencial de propágulos.

La sugerente teoría de la panspermia tiene, sin embargo, numerosas limitaciones. En primer lugar, no explicaría el origen de la vida, sino que se limitaría a trasladarlo a otro sitio en el sistema solar; de la Tierra a Marte, por ejemplo. Es difícil imaginar que alguna forma de vida pudiera sobrevivir a los cientos o miles o millones de años que duraría un viaje espacial desde las estrellas más cercanas. Por otro lado, los posibles organismos dispersantes tendrían que sobrevivir a la violenta eyección desde un planeta al espacio. Para que la materia de la superficie de un planeta alcance la velocidad de escape de su propia gravedad, hace falta una enorme cantidad de energía, que solo es posible como resultado del choque de un asteroide de suficientes dimensiones. No es imposible, por supuesto, y de hecho ha sucedido en numerosas ocasiones, puesto que en la Tierra se han recogido varios meteoritos de origen marciano. Nuestro planeta se encuentra en la trayectoria entre Marte y el Sol, por lo que la intercepción de material marciano no es infrecuente. Sin embargo, en el momento de la eyección, el calor generado por el impacto debe ser enorme y las probabilidades de supervivencia de formas de vida, muy bajas, aunque no nulas. Luego, las partículas vitales, pasajeras en fragmentos de roca, tendrían que sobrevivir a los años de viaje espacial y enfrentarse a la violenta entrada a través de una atmósfera densa, como la de la Tierra, lo que supondría otra elevada probabilidad de esterilización por calor. En fin, no es un proceso sencillo, pero varios trabajos en astrobiología han demostrado que no es imposible. Por cierto, aunque la teoría de la panspermia no haya podido ser confirmada hasta el momento, Svente Arrhenius, Premio Nobel de Química en 1903, acertó plenamente cuando predijo, con un siglo de antelación, el calentamiento global como resultado de la acumulación de CO_2 procedente de los combustibles fósiles. Así que no convendría descartar totalmente su otra gran propuesta científica.

En cualquier caso, los líquenes no son alienígenas. Sus dos componentes principales, el alga y el hongo, tienen complejas estructuras celulares, producto de su evolución en la tierra. Pero, eso sí, expresan de manera convincente hasta dónde puede llegar la vida en su adaptación a condiciones extremas en nuestro planeta. Los lugares más inhóspitos de la Antártida o las altas montañas son un magnífico banco de pruebas para posibles saltadores espaciales.

6.6

Los líquenes y la conservación del planeta

Bioindicadores de la calidad del aire

Los líquenes no soportan la contaminación. Su sensibilidad hacia moléculas oxidantes, como el SO_2, el O_3 o los óxidos de nitrógeno, producidas por la actividad humana es superior a la de cualquier otro organismo. Naturalmente, su respuesta varía según las especies. Las hay tan sensibles que comienzan a deteriorarse y morir a concentraciones mínimas de SO_2, que se encuentran en el límite de sensibilidad de los sensores automáticos. Otras soportan concentraciones mucho más altas, pero incluso las más resistentes desaparecen antes de que las hojas de los árboles, las hierbas o los animales hayan empezado a mostrar algún síntoma.

La razón para esta excepcional fragilidad ante los contaminantes se basa en la propia estructura del liquen. La proporción del simbionte fotosintetizador, alga o cianobacteria es mucho menor que la del hongo, de manera que el trabajo del fotosimbionte ha de ser suficiente para alimentarse a sí mismo y a la gran masa de hongo, que vive exclusivamente de él. Cualquier factor que afecte negativamente a la fotosíntesis puede tener consecuencias fatales para el delicado equilibrio de la simbiosis. En este sentido, los contaminantes oxidantes perturban gravemente la actividad fotosintética por varias vías: degradan las moléculas de clorofila, convirtiéndola en otro pigmento, feofitina, inútil para la absorción de luz; interfieren en la cadena de electrones, por donde fluye la energía fotoquímica de la luz, y alteran la delicada estructura tridimensional de las membranas cloroplásticas, esencial para el complejo proceso fotosintético.

Ya en el siglo XIX diversos científicos se percataron de que los líquenes estaban desapareciendo de las ciudades europeas, que experimentaban una creciente polución en plena Revolución Industrial. Nylander, el gran liquenólogo finés, tan recalcitrante a aceptar la naturaleza simbiótica de los líquenes, realizó un estudio ejemplar en los Jardines de Luxemburgo, en París, en el que demostró la paulatina y, finalmente, casi total desaparición de los líquenes, y lo relacionó con la contaminación atmosférica. En los años 70 del siglo pasado se publicaron en Europa estudios fundamentales que establecían de forma precisa la respuesta de la abundancia y diversidad de los líquenes a los niveles de contaminación. Incluso se calibraron especies concretas con respecto a la calidad del aire, lo que hacía mucho más rápido y sencillo el trabajo de monitorización. A finales de los 90 apareció un breve trabajo en la revista *Nature* en el que se mostraba una correlación negativa extraordinariamente bien ajustada entre el índice de biodiversidad liquénica y la incidencia de cáncer de pulmón en la región italiana del Véneto. La conclusión era contundente: quienes vivían en zonas con abundantes líquenes tenían muchas menos probabilidades de desarrollar tumores pulmonares. Es difícil calibrar hasta qué punto esta revelación tuvo consecuencias en el mercado de la vivienda, pero desde luego su impacto en la comunidad científica fue enorme y supuso la consagración definitiva de los líquenes como bioindicadores de la calidad del aire.

Recientes estudios han demostrado cómo los líquenes están volviendo a los jardines de las ciudades europeas, de donde hacía décadas habían sido expulsados por la contaminación. Su lento regreso (en los líquenes todo transcurre despacio) es la mejor muestra de los buenos resultados en la gestión medioambiental urbana y un motivo de optimismo hacia el futuro. Los Jardines de Luxemburgo vuelven a mostrar una vistosa y diversa comunidad de líquenes.

Compañeros de los viejos bosques

Los bosques antiguos, primarios, aunque no necesariamente vírgenes, albergan una comunidad de líquenes singular, que no se encuentra en bosques secundarios, y mucho menos en repoblaciones forestales. Suele tratarse de líquenes colgantes o foliosos de gran tamaño, tan dependientes de un aire puro como de una estructura forestal bien conservada. El exceso de radiación producido por talas excesivas es suficiente para provocar su desaparición. Una vez expulsados, su regreso es muy difícil o imposible. En bosques suizos recientemente recuperados, se han puesto en marcha complejos y caros programas de repoblación con *Lobaria pulmonaria*, uno de los líquenes más característicos de ambientes forestales bien conservados. Pero lo cierto es que estos frágiles huéspedes de los bosques primigenios son cada vez más escasos en Europa y, en general, en todo el mundo desarrollado.

En España aún tenemos la fortuna de contar con ambientes forestales que, aunque sometidos a una explotación intermitente, nunca han dejado de ser bosques y albergan algunas de las comunidades mejor conservadas de macrolíquenes de todo el continente. Incluso, no muy lejos de Madrid, en el famoso hayedo de Montejo y en otros bosques cercanos menos conocidos, es posible observar magníficas poblaciones de especies de *Lobaria*, *Sticta* y *Nephroma*, las más sensibles a la contaminación. En el hemisferio sur, destacan los bosques de Nueva Zelanda, de la vertiente occidental de los Andes Patagónicos y de Tierra del Fuego, donde, además de los géneros mencionados, destacan los enormes individuos (de más de 30 cm de diámetro) de las especies de *Pseudocyphellaria*. En estos viejos bosques australes la biomasa liquénica llega a ser tan importante que los restos de líquenes que han caído de ramas y troncos pueden llegar a cubrir la hojarasca y contribuir de forma sustancial a los ciclos biogeoquímicos en estos ecosistemas forestales.

Los bosques que albergan estos líquenes venerables y frágiles deberían ser tratados con especial respeto. Para la conservación de la naturaleza serían el equivalente a los delicados frescos románicos en una ermita perdida.

La costra biológica de los lugares extremos

Independientemente de la temperatura, desde los polos a los trópicos pueden encontrarse grandes áreas desérticas o áridas. Estas regiones, en las que el agua evaporada excede con mucho al agua aportada por la lluvia o la nieve, ocupan una porción muy importante de las tierras emergidas. En conjunto, las zonas áridas del mundo suponen cerca del 40% de la superficie continental. Naturalmente, a medida que aumenta la aridez, la vegetación se vuelve más escasa y las plantas desarrollan estrategias para reducir la evapotranspiración, como hojas espinosas o para acumular agua, como tallos carnosos con formas cilíndricas o esferoidales. Las escasas plantas dispersas dejan entre ellas grandes espacios de suelo aparentemente desnudo. Pero esta desnudez, como en los Valles Secos de la Antártida, vuelve a ser engañosa. Si el suelo es suficientemente estable, su capa más superficial puede albergar una abigarrada comunidad de algas, líquenes, musgos, hongos y bacterias que constituye uno de los ecosistemas menos conocidos y sin embargo más extendidos de nuestro planeta. Los ecólogos lo denominan costra biológica, *biocrust*, y cada vez más investigadores se sienten fascinados por este mundo diminuto, que había pasado desapercibido y que prospera justo debajo de nuestros pies (figura 6.10).

Figura 6.10.—Costra biológica en Canyon Land, Utah (Estados Unidos).

Los líquenes son parte fundamental de este mundo, tan antiguo, extenso y delicado. Seguramente, el *biocrust* fue el primer ecosistema no acuático de nuestro planeta y ha ido prolongando su existencia, acosado por la moderna vegetación, y ahora también por vehículos, infraestructuras, ganadería, pisoteo y contaminación. El ser humano moderno y el *biocrust* son difícilmente compatibles. Solo un premeditado y laborioso esfuerzo de conservación está consiguiendo salvar algunas muestras de esta antigua costra en Europa y Estados Unidos. En China, han descubierto que su presencia, en las grandes regiones áridas del oeste, protege el suelo de la erosión y disminuye la formación de tormentas de arena, que afectan gravemente a las regiones del este. Enormes programas de recuperación y resiembra del *biocrust* se han puesto en marcha con la esperanza de que la permanencia de la fina costra biológica en los desiertos occidentales proteja Pequín y Shanghái de los peores episodios de polvo asfixiante.

También en el caso del *biocrust* existen especies comunes a todos los continentes. Los géneros *Psora, Psoroma* y *Fulgensia* son especialmente cosmopolitas y sus especies se encuentran con frecuencia en los suelos de la Antártida y del Ártico. Es destacable que, sobre todo en las regiones esteparias del hemisferio norte, se han desarrollado formas de líquenes vagantes, sin fijación alguna al suelo o a las piedras. Estos líquenes de aspecto ramificado, de los géneros *Cornicularia, Cladonia, Xanthoparmelia*, entre otros, o globular, *Circinaria*, ruedan libremente por el suelo, impulsados por el viento o el agua ocasional, y representan algunos de los tipos liquénicos más resistentes a la desecación y a la radiación. Podemos percibir una cierta justicia poética al considerar que Kazajistán, una de las zonas del mundo con mayor tráfico de naves espaciales, acoge también las mejores comunidades de líquenes vagantes, que ahora forman parte de los experimentos de astrobiología.

BIBLIOGRAFÍA RELACIONADA

Belnap, J., y Lange O. L. (eds.), (2003). Biological Soil Crusts: Structure, Function, and Management. *Ecological Studies,* Vol. 150. Springer-Verlag Berlin Heidelberg. 504 pp.

Cislaghi, C., y Nimis, P. L. (1997). Lichens, air pollution and lung cancer. *Nature, 387:* 463-464.

Divakar, P. K. et al. (2017). Using a temporal phylogenetic method to harmonize familyand genus-level classification in the largest clade of lichen-forming fungi. *Fungal Diversity, 84:* 101-117. DOI 10.1007/s13225-017-0379-z.

Friedmann, E. I. (1982). Endolithic microorganisms in the Antarctic cold desert. *Science 215:* 1045-1053.

Green, A. et al. (2018). The lifestyle of lichens in soil crusts. *The Lichenologist,* 50: 397-410. doi:10.1017/S0024282918000130.

Green, A., Sancho, L. G., y Pintado, A. (2011). Ecophysiology of Desiccation/Rehydration Cycles in Mosses and Lichens. Plant Desiccation Tolerance, *Ecological Studies, 215:* 89-120. Springer.

Grube, M., yWedin, M. (2016). Lichenized fungi and the evolution of symbiotic organization. *Microbiol Spectrum, 4*(6): FUNK-0011-2016.

Lyudmyla, D., Brändli, U. B., Ginzlerc, Ch., y Scheidegger, Ch. (2018). Forest history and epiphytic lichens: Testing indicators for assessing forest autochthony in Switzerland. *Ecological Indicators, 84:* 847-857.

Nimis, P. L., Scheidegger, Ch., y Wolseley, P. A. (eds.), (2002). *Monitoring with Lichens — Monitoring Lichens,* Kluwer Academic Publishers, Springer Dordrecht. DOI https://doi.org/10.1007/978-94-010-0423-7.

Retallack, G. J. (2022). Ordovician-Devonian lichen canopies before evolution of woody tres. *Gondwana Research, 106:* 211-233. https://doi.org/10.1016/j.gr.2022.01.010

Rozzi, R., Lewis, L., Massardo, F., Medina, Y., Moses, K., Ménendez, M., Sancho, L. G., Vezzani, P., Russell, S., y Goffinet, B. (2012). *Ecotourism with a Hand Lens in the Omora Park.* 188 pp. Sub-Antarctic Biocultural Conservation Program, Universidad de Magallanes – University of North Texas. Ediciones Universidad de Magallanes.

Sancho, L. G., de la Torre, R., Horneck, G., Pintado, A., Ascaso, C., Wierzchos, J., de los Rios, A., y Schuster, M. (2007). Lichen survive in the space. The BIOPAN-5 Experiment. *Astrobiology, 7:* 443-454.

Sancho, L. G., et al. (2016). Carbon Budgets of Biological Soil Crusts at Micro-, Meso-, and Global Scales. In: Weber, B., Büdel, B., Belnap, J. (eds.). *Biological Soil Crusts: An Organizing Principle in Drylands. Ecological Studies,* vol. 226. Springer, Cham. https://doi.org/10.1007/978-3-319-30214-0_15.

Spribille, T. et al. (2016). Basidiomycete yeasts in the cortex of ascomycete macrolichens. *Science, 353:* 488-492.

Spribille, T. et al. (2022). Evolutionary biology of lichen symbioses. *New Phytologist, 234:* 1566-1582. doi: 10.1111/nph.18048.

7

COEVOLUCIÓN. UN CAMINO SIN RETORNO PARA PLANTAS Y ANIMALES

«Plants and animals have been locked in an evolutionary embrace for millions of years, each pushing the other to become more extraordinary»
MICHAEL POLLAN

«Plantas y animales están encerrados en un abrazo evolutivo de millones de años, cada uno empujando al otro a volverse más extraordinario»
(TRADUCCIÓN DEL AUTOR)

«Plants and animals are not just passengers on this evolutionary journey; they are the drivers, shaping the world around them in a timeless dance of coevolution»
RICHARD LOUV

«Plantas y animales no son simplemente pasajeros en este viaje evolutivo; son los conductores, modelando el mundo a su alrededor en una danza coevolutiva sin fin»
(TRADUCCIÓN DEL AUTOR)

Entendemos por coevolución, o evolución concertada, el proceso de convergencia adaptativa que se produce entre los integrantes de una asociación mutualista a lo largo del tiempo. Este concepto fue desarrollado originalmente por Darwin, que lo usó para explicar cómo polinizadores y flores productoras de néctar se habían influido mutuamente en su evolución morfológica. Incluso, observando una orquídea blanca de larga garganta en Madagascar, Darwin predijo que debía existir una gran polilla nocturna con una lengua de longitud correspondiente. La polilla fue efectivamente descubierta y descrita a principios del siglo xx. Entre animales y plantas existen numerosos ejemplos de este tipo de evolución en paralelo. En muchos casos ha conducido a cambios morfológicos y fisiológicos tan profundos que se ha creado una interdependencia obligada entre ambos socios. De esta forma, las miles de especies de animales y plantas involucrados en la coevolución han ligado de forma inseparable su destino. La coevolución de animales y plantas ha tenido, además, un efecto multiplicador en la variedad de especies que pueblan el planeta y ha cambiado profundamente la composición y el funcionamiento de los ecosistemas.

Aunque aquí solo contemplaremos los procesos coevolutivos que crean las asociaciones mutualistas, la coevolución afecta también a la relación parásito-huésped o predador-presa y puede involucrar más de dos especies, afectando incluso a comunidades enteras. A continuación, veremos algunos ejemplos, desde puntuales a globales, de coevolución mutualista en la que intervienen vegetales y animales, que sirven para ilustrar esta importante estrategia evolutiva.

7.1

La avispa y la higuera

Hace unos 80 millones de años, a finales del Mesozoico, todavía en el tiempo de los dinosaurios, comenzó una de las relaciones más estrechas que puedan existir entre plantas e insectos. Las higueras se agrupan dentro del género *Ficus* y comprenden más de 800 especies distribuidas por todo el mundo. Algunas de ellas son árboles gigantescos, que viven en bosques tropicales, pero también se utilizan en jardinería y son admirados en nuestros parques y plazas. Otras son plantas de interior muy populares. Pues bien, cada una de entre estos centenares de especies depende para su polinización y fructificación de una exclusiva especie de avispa, que solo atiende a esa higuera en concreto. 800 especies de avispas para 800 especies de higueras; no pueden vivir las unas sin las otras.

Los higos no son en realidad los frutos de las higueras, sino una infrutescencia, un empaquetamiento de frutillos individuales encerrados en un recipiente carnoso formado en el extremo de ramas especializadas. Ni las flores ni los frutos de la higuera ven nunca la luz. Por lo tanto, la planta estaría obligada a autopolinizarse, si no fuera por la infalible visita de su fiel avispa. El insecto penetra en esta especie de ánfora verde por un pequeño orificio en su parte superior, tan estrecho que la avispa ha de deshacerse de sus alas y anteras para poder pasar, justo en el momento en el que han madurado los centenares de pequeñas flores que recubren sus paredes. La avispa se mueve entre ellas, impregnándolas con el polen que transporta, al tiempo que deposita hasta dos centenares de huevos antes de morir. Los huevos dan lugar a larvas, que completan su desarrollo en este ambiente estable y seguro, alimentándose de parte de las semillas producidas en los minúsculos frutos, pero no tanto como para impedirnos disfrutar de los higos en su punto de maduración.

La avispa hembra visitadora procede de estas larvas desarrolladas en el interior de un higo aún no comestible. Antes de salir de este recipiente se ha apareado con sus hermanos machos, que tienen una vida muy breve. De vez en cuando, aún puede quedar algún resto de avispas muertas dentro de los higos, en cualquier caso imperceptibles para nuestro paladar. Las hembras salen libres, cargadas de polen y volando raudas, tratando de localizar otra higuera de la misma especie en la que depositar sus huevos y realizar la polinización. Solo tienen 48 horas para completar este proceso antes de morir exhaustas. Las higueras contribuyen activamente al éxito de esta búsqueda generando una compleja mezcla de elementos químicos volátiles que sirven de guía a los insectos.

Una vez han salido la mayor parte de las avispas, al menos las hembras, los higos aumentan de tamaño, adquieren un color rojizo e incrementan de forma drástica su concentración de azúcar. En suma, se vuelven apetecibles para toda clase de animales, que los devoramos con fruición. Luego, buena parte de sus semillas pasarán sin alterarse por el tracto digestivo, antes de ser depositadas en el suelo, junto a una generosa porción de abono.

Este par simbiótico, higuera-avispa, se ha vuelto tan sofisticado que es capaz de suprimir el desarrollo de las larvas si no se ha producido antes la polinización. Nada de avispas tramposas que pongan huevos sin transportar polen. Así, los dos socios cumplen con su parte en el trato, creando una interdependencia tan estrecha que ya es imposible entender la supervivencia del uno sin el otro.

Los mecanismos de las flores para garantizar la polinización llegan a alcanzar un alto grado de sofisticación y, correlativamente, los polinizadores responden con adaptaciones extraordinarias.

7.2

LA LENGUA DE LAS MARIPOSAS

Entre las diversas estrategias para utilizar a las flores como fuente de alimento y contribuir a cambio a la fecundación de sus óvulos, podemos distinguir desde las más toscas a las más delicadas. A las primeras pertenece el abundantísimo grupo de los escarabajos (coleópteros), con aparato masticador, lo que les permite devorar parte de las piezas florales mientras, de forma muy poco sofisticada, transfieren algunos granos de polen de unas flores a otras. Las plantas polinizadas mediante este método desarrollan abundantes estambres y ovarios, para compensar la destrucción parcial a la que se ven sometidas. Las grandes flores de las magnolias ilustran muy bien esta primitiva estrategia. Las más humildes de los ranúnculos o las jaras comparten también esta forma de sacrificio parcial de sus estructuras florales en aras de la fecundación.

Sin duda fue este el primer mecanismo para la polinización por insectos, la «entomogamia», en la historia evolutiva y se remonta a más de cien millones de años. Un ejemplo de lo que fue este inicio en la asociación entre insectos y plantas podemos observarlo en uno de los vegetales más antiguos y extraños del mundo: la gimnosperma *Welwitschia mirabilis*, que vive en aisladas poblaciones del desierto de Namibia, como una reliquia botánica de tiempos pretéritos. En la base de sus dos únicas y enmarañadas hojas siempre se encuentra una especie de chinche, el *Probergrothius angolensis*, que se encarga de transportar el polen desde las flores masculinas a las femeninas, a cambio de una sustancia mucilaginosa y alimenticia que puede entenderse como un primitivo néctar. Como es habitual en los insectos, los individuos de esta especie tienen una existencia fugaz, mientras su planta huésped puede vivir más de mil años (se considera uno de los vegetales más longevos del mundo).

Sin embargo, la íntima relación planta-animal iba a tener consecuencias mucho más profundas para ambos. Las flores fueron paulatinamente creando estructuras defensivas frente al ataque de los coleópteros, en especial corolas cerradas con gargantas estrechas y profundas que impedían el paso a los escarabajos. Los insectos respondieron desarrollando un nuevo diseño anatómico, con una alimentación basada no solo en la masticación, sino también en lamer el néctar y el polen a través de piezas bucales flexibles y prolongadas, además de un dominio acrobático del vuelo que les permite explorar a fondo el espacio tridimensional. Son los himenópteros, el gran grupo, con más de 150.000 especies, al que pertenecen abejas, abejorros y avispas (también las hormigas, aunque su papel como polinizadores sea, en general, poco relevante). El origen de abejas y abejorros data del Cretácico medio y naturalmente coincide con la explosión evolutiva de las angiospermas, a las que están indisolublemente ligados.

Una vez iniciada la estrategia de estrechas gargantas florales, con el tesoro del néctar en el fondo, las plantas fueron produciendo flores tubulares cada vez más alargadas, hasta el punto de resultar inasequibles para el aparato lamedor de las abejas. Esta era misión para un solo grupo muy evolucionado y relativamente reciente de insectos: los lepidópteros, las mariposas. Incluso más numerosas (165.000 especies) que los himenópteros, las mariposas comparten con ellos la presencia de dos pares de alas, pero por lo demás las diferencias son muy notables. En los lepidópteros se da una metamorfosis completa, es decir, el ciclo biológico pasa sucesivamente de huevo a larva u oruga, luego a pupa o capullo y finalmente a imago o mariposa. Aunque las orugas pueden ser una auténtica plaga para la vegetación, pues son tremendamente voraces y destructivas, las mariposas, tanto diurnas como nocturnas, son en su mayor parte polinizadoras. A diferencia de las abejas, tienen acceso a las flores más alargadas gracias a su espiritrompa, la «lengua de las mariposas», una estructura succionadora que puede superar en longitud al propio insecto (figura 7.1). En estado de reposo la trompa se encuentra enrollada en forma de espiral, justo debajo de la cabeza del insecto. Puesto que carecen de cualquier forma de aparato masticador, las mariposas, durante su corta vida, dependen exclusivamente de algunos tipos de flores; estas, a su vez, necesitan ser visitadas por estos insectos para cerrar su ciclo reproductivo. Las mariposas diurnas son muy sensibles a los colores brillantes, que les sirven para reconocerse y encontrar pareja, pero también para localizar a sus flores preferidas. Las mariposas nocturnas, las polillas, no pueden visualizar los colores, por lo que las plantas polinizadas por ellas producen flores blancas, que muchas veces permanecen cerradas e inodoras durante el día. Se abren a la puesta de sol y dispersan sus aromas fragantes.

Figura 7.1.—Mariposa con su espiritrompa desplegada, adaptada para llegar al néctar alojado en el fondo de las flores tubulares.

Una gran polilla europea, con hábitos parcialmente diurnos, la esfinge *Macroglossum stellatarum*, es confundida en ocasiones con colibríes, aunque sea imposible encontrar un colibrí silvestre a este lado del atlántico. En América, sin embargo, estas pequeñas joyas aladas se encuentran desde Alaska a Tierra del Fuego y representan el máximo grado de coevolución entre las aves polinizadoras y las flores.

7.3

El colibrí y el néctar

Para quien no lo haya visto nunca, la experiencia de contemplar por primera vez el vuelo de un colibrí entre las flores es fascinante e inolvidable. El nombre de *hummingbird*, por el que se conocen en inglés, alude al zumbido inconfundible que producen sus alas, que baten unas 80 veces por segundo. El nombre de «picaflor», habitual en muchos países americanos, indica su apetencia absoluta por el néctar de las flores.

Como se ha dicho, estas aves maravillosas tienen una distribución exclusivamente americana, desde el ártico hasta el extremo sur de Sudamérica. Aunque la mayoría de sus 366 especies se encuentran en regiones tropicales. Por ejemplo, en el relativamente pequeño Ecuador se conocen unas 130 especies y en Colombia, más de 160, mientras apenas 10 vuelan en Alaska o en Chile. Los colibríes ostentan algunos récords muy notables en el reino animal. Por ejemplo, son los vertebrados con la tasa metabólica más elevada, con lo que consiguen mantener su altísima frecuencia de aleteo. Por supuesto, entre ellos se encuentran las aves más pequeñas de solo 3 cm de longitud y 2 g de peso, menos que muchos escarabajos y no mucho más que un abejorro. Son los únicos pájaros capaces de volar hacia atrás o cernirse en un punto fijo y realizar acrobacias típicas de insectos voladores como las moscas y las abejas. Sin embargo, pueden lanzarse a una velocidad extraordinaria para el tamaño de sus cuerpos, alcanzando en sus picados más de 80 km/h. En su plumaje, especialmente en los machos, se concentra más de la tercera parte de todos los colores posibles entre las aves. Por si fuera poco, algunas de sus plumas son iridiscentes, transforman la luz incidente en todo el espectro del arcoíris.

Aunque toda la anatomía de este grupo es producto de una estrecha coevolución con las plantas productoras de néctar, en su pico es donde mejor se refleja su respuesta a las diferentes morfologías florales. En general, se trata de picos largos y finos, con largas lenguas, capaces de penetrar en la profundidad de flores tubulares, como las fucsias o las de las plantas del tabaco. En ocasiones, hay especies con picos fuertemente curvados, como el «picohoces» de Costa Rica, para responder a la forma de unas flores muy específicas de los géneros *Centropogon* y *Helicornia*. En el colibrí llamado «pico de espada» encontramos el pico más largo en proporción al cuerpo de todas las aves: mide tanto como su cuerpo, unos 12 cm, y sirve para alimentarse de las muy especiales flores del género *Passiflora*. Estos casos de tan elevada especificidad son un camino sin retorno para plantas y polinizadores, que han ligado para siempre su futuro.

El gasto energético de estos pajarillos es tan elevado que pasan la mayor parte del día absorbiendo néctar y consumiéndolo. Cuando llega la noche y la oscuridad les impide distinguir las flores, deben posarse y descansar. Entonces entran en una especie de hibernación, denominada «torpor», en la que su metabolismo, incluidos los latidos del corazón, desciende por debajo del 10% con respecto al de su actividad normal. A pesar de estas limitaciones energéticas, hay muchas especies migradoras que pueden llegar a recorrer largas distancias. El caso más extremo es el del «colibrí rufo», que viaja cada año desde el norte de Canadá al sur de México, un recorrido de más de 6.000 km, la mayor distancia en relación con su cuerpo de cualquier ser vivo de nuestro planeta. Este colibrí, naturalmente, no puede ser muy selectivo en cuanto a sus flores suministradoras de néctar, pues atraviesa prácticamente todos los tipos de clima y vegetación del hemisferio norte y debe alimentarse continuamente.

Las flores típicamente polinizadas por colibríes son de colores rojos o púrpuras, fácilmente perceptibles por las aves, pero no tanto por los insectos, que captan mejor la banda del ultravioleta, repartiéndose de esta forma el menú floral sin demasiada competencia. Por otro lado, no hay colibríes nocturnos, pues el gasto metabólico sería insoportable durante las bajas temperaturas nocturnas, así que la noche pertenece totalmente al dominio de las polillas.

Pero existen otro tipo de estrategias para garantizar la polinización que no se basan es aspectos nutricionales.

7.4

El abejorro y la orquídea

En el colegio, una las inevitables y recurrentes lecciones de biología es aquella en la que se explica la polinización cruzada de las flores gracias a los insectos, que las visitan obteniendo a cambio un premio en forma de polen comestible y rico néctar azucarado. Seguramente no forma parte de estas clases el hecho, un tanto perturbador, de que existe un tipo de flores que, a cambio del esfuerzo de sus polinizadores, no les ofrecen alimento, sino sexo.

Las orquídeas del género *Ophrys*, muy abundantes en la cuenca mediterránea, convierten uno de sus pétalos, el labelo, en la réplica más exacta posible de hembras de abejorro. Los machos generalmente eclosionan antes que las hembras y en ese momento no encuentran más atractivos sexuales que las flores de estas orquídeas. El pétalo modificado imita los colores, la textura, la pilosidad e incluso el olor de las hembras vírgenes de una especie concreta de insecto, por lo que se trata de una asociación totalmente específica (figura 7.2). Los machos de abejorro encuentran irresistible este reclamo y se posan sobre la flor intentando copular con ella, en una unión que puede durar hasta un cuarto de hora. Durante este prolongado e improductivo juego erótico, la cabeza del macho choca una y otra vez contra las pegajosas acumulaciones de polen escondidas en otra pieza floral, justo por encima del labelo. Finalmente, cuando el abejorro abandona la flor se lleva pegadas a la cabeza, como unas falsas antenas, toda la producción de polen de la flor. Como la experiencia no ha debido resultarle insatisfactoria, se apresura a visitar otra provocadora imitación, depositando los paquetes polínicos en el estigma correspondiente. La planta consigue de esta forma la fertilización casi simultánea de miles de óvulos.

Poco a poco los machos van aprendiendo el truco floral y cada vez se van dejando engañar menos por las orquídeas. De hecho, se calcula que solo el diez por ciento de las flores son efectivamente polinizadas.

Figura 7.2.—Flores de *Ophrys*, con su perfecta imitación
de las hembras de abejorro.

Pero, dado que cada una de ellas produce miles de diminutas semillas, se puede considerar que la estrategia es todo un éxito. Cuando las hembras de abejorro eclosionan, se encuentran con una población de machos un tanto exhausta, pero dispuesta a enmendar su error.

Este fascinante sistema de polinización podría considerarse más un parasitismo que una simbiosis, ya que el abejorro no parece obtener beneficio alguno de la asociación. Para la planta, sin embargo, se trata de una relación de dependencia absoluta: sin sus confundidos machos su reproducción sería imposible, pues no produce néctar con el que atraer a otros insectos y su deslumbrante imitación, producto de millones de años de evolución, se dirige solo a una especie en concreto. Los machos de abejorro nunca intentarían la fecundación con una especie diferente a la suya, si bien, en ocasiones, especies filogenéticamente alejadas de *Ophrys* compiten por los mismos machos de abejorro y generan las mismas feromonas sexuales, en un caso extraordinario de convergencia adaptativa. En suma, los insectos podrían muy bien sobrevivir sin estas elaboradas imitaciones femeninas, pero las orquídeas desaparecerían inevitablemente sin sus amados abejorros.

7.5

LA HORMIGA Y LA PLANTA

En las selvas del sudeste de Asia vive una planta epífita. Crecen sobre ramas y troncos de árboles y atraen a las hormigas con una oferta que no se pueden rechazar: una casa gratis, con buenas vistas, excelente construcción y materiales de primera calidad. Esta planta, de grandes hojas verdes, produce un tubérculo rugoso y cubierto de espinas, con un interior análogo a un hormiguero, es decir, ahuecado por multitud de canales y pasadizos, listos para ser ocupados por alguna colonia de afortunadas hormigas. Este extraordinario tubérculo recibe el nombre de «domacio», del latín *domus*, casa. Una vez establecidas en el domacio, las hormigas defienden con ferocidad su planta bienhechora, que ahora también es su casa, destruyendo insectos o invertebrados herbívoros, como las babosas, y atacando incluso a animales mayores que intenten aproximarse. Por si fuera poco, las hormigas forrajean y cortan las hojas de plantas trepadoras que compiten con su hospedadora por la luz. La planta, en un lugar tan pobre en nutrientes y alejado del suelo, obtiene el nitrógeno que necesita de los excrementos de las hormigas depositados en cavidades concretas, cuartos de baño, y de la descomposición de los cadáveres de las propias hormigas, que también son conducidos a cámaras especiales, tanatorios. A cambio de esta labor, defensiva e higiénica, las hormigas disfrutan de un hábitat seguro, protegido del inclemente sol tropical, con unas condiciones microclimáticas de humedad y temperatura inmejorables.

Estas plantas asociadas de forma tan peculiar a las hormigas pertenecen al género *Myrmecodia* y son consideradas con razón «mirmecófitas», plantas con hormigas. En el mundo se conocen cerca de 500 especies de mirmecófitas, todas ellas tropicales, desde arbustos a grandes árboles o plantas trepadoras o epífitas. Ninguna ofrece un albergue tan sofisticado como *Myrmecodia*, pero también crean un alojamiento

Figura 7.3.—Hormigas arborícolas, habitantes
y defensoras de su planta hospedadora.

confortable en pequeñas cavidades, tallos huecos o, incluso, como cier-
tas acacias africanas, el interior de aguzadas espinas. El incauto herbí-
voro que se acerque a consumir las tiernas hojitas deberá esquivar no
solo las punzantes espinas, sino también las agresivas hormigas, que se
lanzarán sin pensarlo sobre su boca y su lengua (figura 7.3).

Myrmecodia utiliza toda su energía en la construcción de una casa
insuperable, pero otras mirmecófitas ofrecen además sustancias nutritivas a sus inquilinos. Por ejemplo, abundan los nectarios extraflorales
y los corpúsculos nutritivos excretados en el extremo de las hojas y de
las ramitas. Un hecho inesperado y curioso es que algunas mirmecófitas, como *Acacia* y *Cecropia*, produzcan como sustancia nutritiva para
sus huéspedes glucógeno, un carbohidrato habitualmente solo presente en animales y que es especialmente bien recibido y digerido por las
hormigas, predadoras y carnívoras en origen, aunque se hayan ido
adaptando a complementar su dieta con productos vegetales. Es realmente asombroso cómo la evolución ha producido una convergencia
entre hospedador y huésped hasta este nivel metabólico.

7.6
....
El murciélago y la planta carnívora

Aunque lo parezca, no se trata del título de una película de miedo de serie B. Esta coalición tenebrosa es en realidad una pacífica amistad, similar a la de las hormigas y las plantas en cuanto al intercambio de refugio por nutrientes. En primer lugar, conviene desdramatizar el término «planta carnívora»; en la inmensa mayoría de los casos nos referimos realmente a plantas insectívoras. Este tipo de plantas son una respuesta evolutiva a la falta de nutrientes de algunos ambientes, como turberas o bosques tropicales muy lluviosos. La escasez de nitrógeno y fósforo en el sustrato se suple con la captura y asimilación de pequeños animales, insectos especialmente. Los mecanismos de atracción y apresamiento en un individuo vegetal, básicamente inmóvil, son variados y sumamente creativos. Se basan en la utilización tanto de colores como de olores atractivos para sus presas. Una vez en contacto con la planta, esta puede reaccionar cerrando bruscamente sus fauces dentadas, al estilo animal, como la europea *Drosera rotundifolia*, o en muchos casos provocando la adherencia del insecto a una sustancia sumamente pegajosa que recubre su superficie, como la pirenaica *Pinguicola longifolia*. La lenta digestión de la presa sucede a partir de la secreción de enzimas y la absorción de los fluidos resultantes.

Las plantas insectívoras tropicales del género *Nepenthes* han desarrollado otro mecanismo de captura y digestión. Las trampas atrapainsectos son, en este caso, de gran tamaño y bastante elaboradas. Consisten en un recipiente en forma de ánfora o jarra, con una zona ventral ensanchada, un borde más estrecho y una especie de tapa, glandulosa y coloreada, con la que atraen a las presas. Cuando alguna de ellas, revoloteando o trepando, cae en su resbaladizo interior, se encuentra con un líquido mortal, mezcla de agua y potentes enzimas descomponedoras. Antes de morir, el desdichado animalillo tendrá tiempo para contemplar los restos de los muchos otros que le precedieron. El menú de las *Nepenthes* más poderosas puede, excepcionalmente, incluir alguna ranita arbórea, pequeños mamíferos o pajarillos. Se pensaba que también ciertos murciélagos, encontrados dentro de las jarras asesinas, formaban parte del abanico depredador de estas voraces plantas: muy al contrario, los murciélagos no son presas, sino socios leales en una de las amistades más extrañas que ofrece la naturaleza.

No hace muchos años se publicó el descubrimiento de una relación simbiótica entre *Nepenthes hemsleyana* y el pequeño murciélago *Kerivoula hardwickii*. Las jarras de esta planta funcionan como todas las demás de este género, con la diferencia de que la captura y digestión de insectos representa un papel menor en la alimentación de la planta. La mayor parte de los nutrientes los obtiene de las heces de murciélagos, a los que proporciona refugio y protección para que pasen el día durmiendo, y defecando, plácidamente. Para evitar que los murciélagos durmientes resbalen hacia el corrosivo líquido del fondo, la planta ha construido una especie de plataforma de apoyo. Los exudados enzimáticos del interior de la pared de la jarra no llegan a dañar al murciélago, pero son suficientes para destruir a sus parásitos, pulgas, piojos, ácaros, etc.; de manera que al caer la noche el huésped alado emprende el vuelo, descansado, ligero y limpio.

En le selva tropical, sin embargo, el problema suele consistir en encontrar a tu amiga vegetal en medio de tal exuberancia. En un reciente trabajo, se ha demostrado que la tapa de las jarras de *N. hemsleyana* tiene la morfología perfecta para actuar como ecorreflectoras de los ultrasonidos emitidos por los murciélagos. De esta manera, todavía en la penumbra nocturna, estos son capaces de distinguir el eco producido por la planta adecuada, entre los muchos otros reflectados por la vegetación u otras *Nepenthes* menos acogedoras, y refugiarse al amanecer.

7.7

FRUTOS Y SEMILLAS QUE VIAJAN EN AUTOSTOP

Cuando el 20 de julio de 1969 Neil Amstrong y Buzz Aldrin ajustaban las bolsas de toma de muestras antes de proceder a su histórico paseo lunar, utilizaron un tipo de cierre muy moderno y aún poco conocido: el velcro. Este sistema había sido desarrollado desde hacía algunos años por la empresa francesa del mismo nombre, fundada por su inventor, el ingeniero suizo Georges de Mestral. En los años 40 el aún joven señor de Mestral solía salir a pasear con su perro por los bonitos alrededores de Lausane. Fue entonces cuando percibió que, sobre todo a finales de verano, tanto el pelo de su perro como su propia ropa estaban cubiertos por los frutos de una planta llamada «arrancamoños» (*Xanthium spinosum*), muy difíciles de desenganchar (figura 7.4). Intrigado, observó con detalle los pequeños garfios de la superficie del fruto que tan tenazmente se enredaban con las fibras de su ropa y el pelo de su perro, y diseñó una doble superficie de cierre análoga a estas observaciones: una banda de tejido cubierta de ganchitos de plástico y otra de fibras finas, al principio de algodón, luego de nailon. En 1959 patentó su invento y fundó una compañía con el nombre formado por la fusión de las palabras en francés *velours* (terciopelo) y *crochet* (gancho) para producirlo. Esta novedad técnica fue recibida al principio con escepticismo por una sociedad que estaba habituada a las cremalleras y los botones. Sin embargo, a los pocos años, Mestral fabricaba tiras del nuevo cierre por una longitud superior al diámetro de la Tierra y se había convertido en multimillonario. En la actualidad, el velcro es uno de los ejemplos más destacados de diseño industrial basado en la observación de la naturaleza, lo que conocemos como «biónica».

Figura 7.4.—Frutos de *Xanthium spinosum*, enganchados a la superficie de un forro polar.

Ciertamente, multitud de plantas, sobre todo angiospermas, han aprovechado para viajar gratis en las proliferaciones epidérmicas de los vertebrados homeotermos, de sangre caliente: el pelo y la pluma de mamíferos y aves. El abanico de posibilidades de ganchitos, espinas, aguijones o zarcillos de frutos y semillas es tan grande como variado resulta el parque móvil de vehículos potenciales. De esta forma, la propagación de las plantas puede alcanzar cientos de kilómetros en solo unas semanas, o miles, en el caso de las aves migratorias. Sin embargo, difícilmente podría aplicarse a esta asociación el término simbiosis, pues no está claro el beneficio que obtienen los animales por su valioso servicio, a no ser que se considere que de alguna forma los herbívoros extienden su propio pasto sembrando semillas con sus desplazamientos. Muchas plantas esteparias tienen una distribución común, acorde con los límites de las poblaciones de ungulados. Pero no solo tenemos ejemplos silvestres. En España existe el caso más notable de dispersión mundial de semillas ligado al ganado.

Según los últimos avances en biología molecular, la oveja merina, la que produce la mejor lana del mundo, fue una raza autóctona de la península ibérica, desarrollada principalmente en Extremadura durante la Edad Media mediante sucesivos cruces entre razas locales y carneros llegados del norte de África. Durante siglos, la Mesta, poderosa organización de ganadería trashumante, prohibió taxativamente la exportación de merinos fuera de España. Transgredir esta ley se castigaba con la muerte. Sin embargo, a medida que el Imperio español se extendía por el mundo, estas medidas también fueron relajándose y a finales del siglo XVIII ya había merinas en América del Norte, en Argentina y, con especial éxito, en Australia y en Nueva Zelanda. Pero enganchados en su fina y rizada lana, viajaron también los frutos de las plantas que formaban sus pastos originales en la península ibérica. En la actualidad, cuando contemplamos las suaves y verdes colinas de Nueva Zelanda, la Tierra Media» de *El señor de los anillos*, podemos estar seguros de que, fundamentalmente, estamos admirando un pasto castellano. Lo mismo sucede con las zonas ovejeras de La Pampa o de Australia. Gracias a las merinas las plantas ibéricas se han extendido por todo el mundo.

Sin embargo, hay plantas más corteses que, a cambio del viaje de sus semillas, ofrecen el alimento sabroso y nutritivo de sus frutos. A estas plantas, numerosísimas también, que producen frutos ricos en azúcares y vitaminas, con colores llamativos para atraer a los consumidores, se las denomina «endozoócoras», para distinguirlas de las epizoócoras de las que acabamos de hablar En este caso, los frutos son ingeridos y digeridos, pero no así las semillas, que viajan por el intestino sin alterarse o, incluso, potenciando su capacidad germinativa y a su debido tiempo, son depositadas en el suelo junto a una generosa cantidad de abono. Aquí sí puede hablarse con propiedad de simbiosis y también de coevolución. Frutos y animales llevan coapaptándose desde hace millones de años, con una clara influencia en la dentadura o, en su caso, el pico, y el aparato digestivo de los animales consumidores y correlativamente, en el valor nutritivo, la textura y la coloración de los frutos. Pero tampoco podemos olvidar la influencia de los frutos comestibles en otros ámbitos, como la visión frontal estereoscópica, que permite calcular con precisión las distancia en el espacio intrincado y tridimensional de las ramas, el aumento de capacidad cognitiva para memorizar la localización de las plantas con frutos más sabrosos o el ritmo estacional de maduración de unos frutos u otros. Sin olvidar la capacidad para distinguir todos los colores del espectro, muy relacionados con la identidad de cada fruto, pero también con su estado de maduración. Los primates somos un claro producto de esta coevolución entre vertebrados y plantas productoras de frutos comestibles. A partir de los frutos, siempre deseados, y a base de desarrollar percepción, memoria y habilidades manuales, se puede decir que nuestra especie ha llegado bastante lejos.

En 1968, durante la misión preparatoria del aterrizaje lunar que tendría lugar al año siguiente, los astronautas a bordo de la cápsula del Apollo 8, en órbita alrededor de la Luna, asistieron a un espectáculo extraordinario. Por encima del gris y yermo horizonte lunar comenzó a elevarse la Tierra. Parcialmente iluminado por el sol, nuestro planeta aparecía como una esfera refulgente, azul y blanca, con pinceladas verdes y marrones. Tan distinta, tan única en el universo, tan bella que los privilegiados observadores quedaron sobrecogidos ante aquel espectáculo maravilloso. William Anders tuvo la serenidad de sobreponerse a la excitación, tomar la cámara y sacar una de las fotos más famosas y más importantes para nuestra concepción del mundo que jamás haya existido.

Toda la historia de la humanidad y de los millones de especies con las que compartimos el planeta ha tenido lugar en esta preciosa y singular esfera. No existe nada parecido en todo el sistema solar, no hay ningún otro sitio en el que vivir. Pero esta maravilla se mostraba también pequeña y frágil, flotando en medio del espacio inerte. La imagen produce una emoción tan intensa que se considera como fundacional en los movimientos ecologistas y conservacionistas que se pusieron en marcha en años posteriores. Por desgracia, más de medio siglo después de que se realizara esta fotografía icónica, se habla con regularidad del «Antropoceno» y de la «sexta extinción». Damos por hecho que la gran crisis de la biodiversidad está en marcha y que es inevitable. Parece que hemos olvidado las sabias palabras que William Anders pronunció en el cincuenta aniversario de su histórica misión: «*We set out to explore the Moon and instead we discovered the Earth*» «Fuimos enviados a explorar la Luna y en su lugar descubrimos la Tierra» (Traducción del autor)[1].

BIBLIOGRAFÍA RELACIONADA

Borges, R. M. (2021). Interactions Between Figs and Gall-Inducing Fig Wasps: Adaptations, Constraints, and Unanswered Questions. Front. Ecol. Evol. Sec. *Behavioral and Evolutionary Ecology*. Vol. *9*. https://doi.org/10.3389/fevo.2021.685542.

Gögler, J. (2011). Two phylogenetically distinct species of sexually deceptive orchids mimic the sex pheromone of their single common pollinator, the cuckoo bumblebee Bombus vestalis. *Chemoecology,* (2011) *21:* 243–252. DOI 10.1007/s00049-011-0085-3.

Johnsgard, D. P. .A. (2016). *The Hummingsbirds of North America. Second Edition*. Smithsonian Institution Press.

Johnson, S. D., Anderson, B. (2010). Coevolution Between Food-Rewarding Flowers and Their Pollinator. *Evo Edu Outreach, 3:* 32-39. DOI 10.1007/s12052-009-0192-6.

Jürgens, N., Oncken, I., Oldeland, J., Gunter, F., y Rudolph, B. (2021). Welwitschia: Phylogeography of a living fossil, diversified within a desert refuge. *Scientific Reports*. https://doi.org/10.1038/s41598-021-81150-6.

---

[1]. William Anders murió el 7 de junio de 2024 a los 90 años de edad, al estrellarse la avioneta que pilotaba en solitario en el estado de Whashington.

Leimberger, K. G. (2022). The evolution, ecology, and conservation of hummingbirds and their interactions with f lowering plants. *Biological Reviews,* 97: 923-959. doi: 10.1111/brv.12828.

Saunders, B. E. (2015). A biomimetic study of natural attachment mechanisms—Arctium minus part 1. *Robotics and Biomimetics.* DOI 10.1186/s40638-015-0028-5.

Schöner, M. G. et al. (2015). Bats Are Acoustically Attracted to Mutualistic Carnivorous Plants. *Current Biology, 25:* 1911–1916. http://dx.doi.org/10.1016/j.cub.2015.05.054.

Del Val y Dirzo, R. (2004). Mirmecofilia: las plantas con ejército propio. *Interciencia, 29:* 673-679.

8

La simbiosis, el canario en la mina de carbón del cambio global

«In the end, we will conserve only what we love; we will love only what we understand, and we will understand only what we are taught»
Baba Dioum

«Al final, conservamos solo lo que amamos, amamos solo lo que entendemos y entenderemos solo lo que nos hayan enseñado»
(Traducción del autor)

«In the Anthropocene, we must recognize that our actions are not just shaping the world but also determining its future»
David Suzuki

«En el Antropoceno, debemos reconocer que nuestras acciones no solo están modelando el mundo, sino también determinando su futuro»
(Traducción del autor)

El concepto de Antropoceno para designar a una nueva era geológica presidida por la actividad humana está teniendo un considerable éxito, tanto a nivel científico como divulgativo. El Antropoceno sucedería al Holoceno, como denominamos a la última época, dentro del periodo Cuaternario, que comenzó hace 12.000 años con el final de la glaciación. Durante el Holoceno, nuestra especie, *Homo sapiens*, se instaló definitivamente en todos los continentes, excepto en la Antártida, y en la mayoría de las miles de islas, grandes y pequeñas distribuidas por todos los mares y océanos. Durante esta época se desarrolló la agricultura, la ganadería, el urbanismo y las grandes civilizaciones. ¿Qué ha sucedido entonces en los últimos años para que se proponga un cambio de época? Pues según los propulsores de esta propuesta, el químico Paul Crutzen y el biólogo Eugene Stromer, la novedad estriba en los profundos cambios que la actividad humana está produciendo en la atmósfera, la hidrosfera, la biosfera, e incluso, la litosfera de nuestro planeta, hasta el punto de dejar ya una huella indeleble en los registros estratigráficos que podrán leerse dentro de millones de años. Este último aspecto es el que está sujeto a un debate más intenso en la comunidad científica, y lo cierto es que esta nueva época acaba de ser rechazada (marzo de 2024) por el comité de expertos perteneciente a la International Union of Geological Sciences, la organización internacional que da nombres y define épocas geológicas. Bajo las reglas de este comité, cada intervalo temporal en la historia de la tierra debe tener un comienzo claramente definido, aplicable en todo el mundo, y este es el punto en el que aún no hay acuerdo. Sin embargo, el comité subraya que esto no quiere decir que se subestime el enorme impacto que la humanidad está teniendo en el devenir de nuestro planeta.

La gran catástrofe sufrida por la naturaleza en los siglos XIX y XX ha afectado a toda clase de organismos. Por ejemplo, el desarrollo industrial, aplicado a la explotación de los recursos naturales, tuvo consecuencias devastadoras para los grandes vertebrados: entre cuatro y cinco millones de ballenas de todas las especies fueron cazadas en unas pocas décadas; la práctica totalidad de la población de búfalos de Norteamérica, unos quince millones, fue exterminada en apenas treinta años; los mayores mamíferos fueron barridos de Asia y África, reduciendo sus poblaciones en más de un 90%. Al mismo tiempo, la tala de buena parte de los bosques orientales de Norteamérica y de enormes extensiones de selva tropical en todas partes supuso la extinción de multitud de animales y plantas ligados al ambiente forestal. El cambio climático y la contaminación son la consecuencia de la conversión en energía de ingentes cantidades de madera, carbón, petróleo y gas natural; otro aspecto de la gigantesca transformación provocada en muy poco tiempo. Solo la conciencia sobre el enorme poder de nuestras armas y máquinas, surgida en la segunda mitad del siglo xx, y la consiguiente aparición de movimientos en defensa de la naturaleza, han permitido frenar en algunos lugares esta destrucción implacable. Es un hecho que, mientras la población de nuestra especie supera los ocho mil millones de individuos, la de otros grandes vertebrados ha quedado reducida a poco más que los ejemplares que se exhiben en los zoológicos.

Esta tragedia global justificaría la definición de una nueva era, en la que parece haber espacio solo para nosotros y un reducido grupo de especies de plantas y animales domesticados que necesitamos para sobrevivir. Los seres humanos hemos llevado al éxito poblacional, no genético, a unos veinticinco mil millones de pollos, cinco mil millones de ovejas y más de mil millones de cerdos y vacas. Mientras tanto, unos cuantos centenares de tigres sobreviven acorralados en exiguas zonas protegidas y se les retira el cuerno a los pocos rinocerontes supervivientes para evitar su caza furtiva. Al mismo tiempo que se estrecha el cerco alrededor de los últimos bosques vírgenes, donde viven miles de especies, nuestros cultivos, que explotan solo unas pocas variedades de plantas, se extienden sobre más de las dos terceras partes de las regiones fértiles del mundo.

Como hemos contado antes, para los que defienden la pertinencia del Antropoceno como nueva época, una cuestión esencial es determinar cuándo comenzó. Algunos se inclinan por hacerla coincidir con la Revolución Industrial del siglo xix; otros, sin embargo, ponen su punto de partida en los años 50 del siglo xx, el momento que se identifica como el comienzo de la «gran aceleración», cuando la actividad humana adquiere un impacto profundo, global y con un acusado aumento década tras década. Se puede decir que cada generación a partir de esta fecha ha crecido en un mundo tan distinto al precedente que es casi irreconocible. Desde entonces, los jóvenes de 15 o 20 años pueden considerarse pasados de moda a los 30, pues la nueva generación domina técnicas y habilidades que para ellos ya son extrañas. Este torbellino de innovación tecnológica y científica obliga a redefinir continuamente el concepto de normalidad. Pero, como es obvio, la gran aceleración no funciona sin una demanda igualmente acelerada de energía, de manera que el impacto planetario de nuestra especie se ha incrementado también al mismo ritmo. Probablemente, las consecuencias ambientales más evidentes y más graves son el calentamiento global y la crisis de la biodiversidad, lo que se conoce también como «sexta extinción».

Desde mi punto de vista, la propuesta sobre el Antropoceno tiene un problema conceptual, ya que identifica al causante de una gran crisis global con el heredero de la nueva época; Antropoceno significa «hombre nuevo». Hay algo de arrogancia en dar por supuesto que nosotros saldremos indemnes de la gran extinción que estamos provocando. Nada en absoluto nos permite suponer que la nuestra será una de las especies supervivientes: de hecho, hay numerosos estudios que ponen en duda que el ser humano pueda subsistir en un planeta sometido a impactos ambientales masivos.

En cualquier caso, lo que es seguro es que, mucho antes de la desaparición de grandes grupos de animales, plantas y hongos, los diferentes tipos de simbiosis habrán entrado en crisis por todas partes. El equilibro entre socios es robusto frente a factores ambientales más o menos extremos, pero frágil ante las perturbaciones causadas por el ser humano.

8.1

LA BASURA QUE NOS AHOGA

Un niño que aparece con las manos sucias y las rodillas negras de barro es un niño rebozado en una rica mezcla de sustancias nutritivas.

El suelo y el barro están compuestos fundamentalmente de moléculas y restos orgánicos. Desde tiempos inmemoriales se sabe que este cóctel es el sustrato perfecto para que proliferen los microorganismos y se produzcan infecciones. Así pues, se enseña a los niños a lavarse las manos, bañarse con regularidad y evitar la suciedad, aunque seguramente nos hayamos pasado de la raya en estos comportamientos higiénicos preventivos. Otros animales también procuran que su piel esté limpia, como una forma de evitar plagas y parásitos. Muchas especies son extremamente escrupulosas a la hora de seleccionar una zona donde depositar sus excrementos, preservando de esta forma el lugar en el que habitan de una proliferación descontrolada de restos fecales. Desgraciadamente, los primates no solemos ser tan cuidadosos. La vida arbórea o trashumante no invita a la preocupación por el rastro que queda de nuestro paso. Solo en las civilizaciones sedentarias más avanzadas se ha procedido a la canalización y depuración de residuos. Empero, para nuestra vergüenza, hay que admitir que el ser humano ha convertido el planeta en un estercolero; nuestra basura llega hasta los rincones más prístinos y, por mucho que nos lavemos las manos, la mugrienta huella de nuestro paso está por todas partes.

Figura 8.1.—Basura acumulada en una playa, una imagen ya habitual en cualquier lugar del mundo.

Hay pocos lugares tan aislados y tenebrosos como la costa noroeste de las islas Shetland del Sur, frontera natural de la Antártida. Expuestas al violento oleaje del estrecho de Drake o mar de Hoces, impulsado por los vientos huracanados del frente polar, los acantilados sufren un desgaste brutal que los convierte en peñones sobresaliendo del mar, como las aletas mutiladas de un monstruo submarino. La maresía se mezcla con la nieve, acentuando el frío intenso. El rugido del viento y las olas tiene a veces el contrapunto de los gritos broncos de los lobos marinos o el graznido de alguna gaviota. Este desolador paisaje debió ser la última visión de los desgraciados marineros que sucumbieron en estos arrecifes. Nunca ha habido asentamientos humanos permanentes en estas lóbregas orillas y ni siquiera hoy en día existen bases científicas, que buscan las zonas algo más protegidas del mar de Bransfield, entre las islas y la península antártica. Podría pensarse que estamos totalmente al margen del resto del mundo, salvo que las playas se encuentran cubiertas de basura. Trozos de plásticos, madera, boyas, cuerdas, pelotas de alquitrán, envases de todo tipo y cualquier cosa susceptible de flotar se acumulan con cada marea hasta formar un auténtico vertedero linear a lo largo de muchos kilómetros. La huella de nuestra especie, en su versión menos atractiva, está por todas partes.

De hecho, aún existe un lugar más remoto en el mundo: el llamado «polo oceánico de inaccesibilidad», más conocido como «Punto Nemo», en honor al antihéroe de la novela de Julio Verne *Veinte mil leguas de viaje submarino*. Este lugar tan peculiar se calculó con un programa de computación y coincide con el cruce de tres líneas de más de 1600 km cada una. La primera procede del norte, trazada a partir de una pequeña isla polinésica; otra del este, desde el archipiélago de Pascua, y la tercera, desde la isla Maher, en la Antártida. El Punto Nemo se sitúa fuera de las principales rutas de navegación, lejísimos de áreas habitadas y es solo visitado esporádicamente por navegantes deportivos o buques oceanográficos; probablemente es la zona más solitaria de nuestro planeta. Pero esta cualidad es también su desgracia. Esta región, tan vacía de seres humanos, fue escogida desde hace décadas por las agencias espaciales rusa, europea y japonesa para hacer caer sus objetos espaciales desechables, como fragmentos de satélites o la vieja estación espacial Mir. El Punto Nemo se ha convertido en un cementerio espacial. Además, no está exento de la llegada de plásticos a la deriva, procedentes de la zona de giro del Pacífico Sur, donde se forma una de las grandes islas flotantes de residuos plásticos que de un tiempo a esta parte jalonan los océanos del mundo (figura 8.1).

Sin embargo, lo que perciben nuestros ojos no es más que la punta del iceberg. Cada año llegan al mar millones de toneladas de basura de todo tipo. Pero lo más peligroso resulta invisible: sustancias tóxicas y microplásticos envenenan los océanos del mundo. Estos últimos provienen de la degradación de cualquier producto de plástico o directamente de productos industriales y detergentes. Para contextualizar el problema, en 2021 la producción mundial de plástico alcanzó los 390 millones de toneladas y se prevé que se duplique en los próximos 20 años. Sus impactos negativos sobre el medio ambiente, sobre todo el marino, son múltiples. Los de menor tamaño pueden incluso penetrar a través de las membranas celulares, alterando su funcionamiento. En el caso de los animales filtradores, como esponjas o pólipos, los microplásticos están actuando con especial virulencia. Para los arrecifes coralinos representan una de las mayores amenazas.

Los pólipos coralinos ingieren microplásticos de hasta 2 mm, que confunden con colonias flotantes microbianas, y los retienen, sin digerir, en el tejido mesentérico de su cavidad intestinal. Luego son expelidos, pero su impacto no es despreciable. Estos pequeños animales filtradores emplean tiempo y energía en el consumo de partículas que no les reportan la menor ganancia nutricional, lo cual desestabiliza su balance energético. Por otra parte, la lenta descomposición del plástico libera sustancias tóxicas, que se suman a los muchos contaminantes químicos adheridos a su superficie. Todo ello contribuye notablemente a la necrosis, la descalcificación y el blanqueamiento de los corales. Además, estos cuerpos flotantes de superficie hidrófoba, estimulan la formación de *biofilms* microbianos y son promotores potenciales en la dispersión de patógenos oportunistas.

Recientemente, se ha observado también una considerable acumulación de microplásticos en líquenes de regiones boscosas italianas, alejadas de focos de contaminación. La mayor parte de los plásticos detectados consistían en fibras y, en mucha menor medida, fragmentos. Todavía no conocemos la incidencia de estas sustancias en el crecimiento y supervivencia de la simbiosis liquénica, pero está claro que no es un problema limitado a los ecosistemas acuáticos.

8.2

CAMPOS FRONDOSOS Y PARABRISAS LIMPIOS.
EL EFECTO INDESEADO DE LA AGRICULTURA DE PRECISIÓN

En una brillante tarde de finales de verano, nuestro coche se desliza suavemente a través del precioso paisaje de Baja Sajonia, en el corazón de Alemania. Una sucesión de colinas redondeadas, coronadas por bosques de hayas, se alternan con campos de cultivo de un verde brillante. En las cunetas la hierba ha sido segada de forma tan minuciosa que las curvas recuerdan las ondulaciones de un campo de golf. De vez en cuando, atravesamos pueblos o pequeñas ciudades, como Dassel o Einback, con sus casas mostrando el típico entramado de madera en las fachadas, y sus anuncios de la cerveza local, muy apreciada en todo el país. Es difícil imaginar un paisaje más feraz y más armónico, solo que para un español resulta extraño que, con tanta vegetación y en esta época del año, ningún insecto se estrelle contra el parabrisas del coche, que sigue limpio después de más de cien kilómetros. Luego, cuando por fin salimos a estirar las piernas, el silencio se hace más inquietante. Faltan los habituales bichitos de las tardes estivales y apenas se ven o se escuchan los pájaros.

Por desgracia, no se trata de una simple impresión, sino de una realidad que afecta a buena parte de Europa continental y a las islas británicas. El biólogo alemán Josef H. Reichholf ha mostrado con toda claridad en un reciente libro la desaparición de las mariposas de nuestros campos. Esta hecatombe afecta ya a más del 80% de las mariposas nocturnas, las polillas, de Europa central y a más de la mitad de las mariposas diurnas. Si continúa esta tendencia, las próximas generaciones desconocerán el colorido revoloteo de las mariposas. La razón para esta pérdida tan notable es bastante simple: faltan flores con néctar de las que alimentarse.

Lo mismo sucede con otros muchos insectos polinizadores. Miles de especies de himenópteros (abejas y otros grupos afines) han desaparecido o han disminuido drásticamente sus poblaciones. Naturalmente, los pájaros insectívoros han disminuido proporcionalmente. En Inglaterra ya es difícil escuchar en primavera al familiar cuco, y esto no es nada banal para un pueblo tan amante de los pájaros y tan aficionado a su observación. Una gran preocupación recorre Europa. 60 años después del icónico libro *La primavera silenciosa*, de Rachel Carson, nos estamos adentrando en ella. A pesar de los enormes y costosos esfuerzos para la conservación de la naturaleza que están en marcha en nuestro continente, la biodiversidad sigue cayendo en picado.

El principal problema proviene de uno de nuestros principales logros: la agricultura de precisión, una combinación de avances científicos y técnicos para obtener el máximo rendimiento de cada hectárea cultivada. Se han diseñado pesticidas de última generación, como los nicotinoides, para eliminar las plagas de animales y hongos, que deberían restringirse a las plantas de interés agrícola, pero que en realidad terminan dispersándose en el suelo, el agua y el aire, afectando a ecosistemas muy alejados de las zonas cultivadas. De igual forma, herbicidas muy específicos, como el glifosato, eliminan todas las denominadas «malas hierbas» de linderos y cunetas, el último reducto de las flores y sus insectos polinizadores. Al mismo tiempo, el uso masivo de fertilizantes garantiza grandes cosechas, pero, como veremos en la próxima sección, afecta a todo tipo de ecosistemas, disminuyendo drásticamente su biodiversidad. Por otro lado, para optimizar el uso del suelo se han suprimido muchos bordes arbustivos entre campos, que también constituían un refugio para plantas silvestres, insectos y pájaros (figura 8.2). Los frondosos bosques que abundan en la naturaleza europea no pueden compensar la pérdida de plantas productoras de néctar, ya que la mayoría de las especies forestales se polinizan con ayuda del viento y sus flores no ofrecen ningún tipo de alimento a animales que les son por completo innecesarios. La ruptura de la vieja alianza entre plantas con flores y polinizadores provoca desapariciones en cadena. Al erradicar a uno de sus socios, generalmente empujamos a la extinción a su compañero simbionte.

Curiosamente, los parques de las ciudades se han convertido en el mejor lugar de Centroeuropa para seguir observando mariposas y otros insectos. Debido a su uso recreacional, aquí se es muy cauteloso en el uso de pesticidas y herbicidas; tampoco se emplean fertilizantes químicos de forma masiva, y mucho menos excrementos o purines de granjas ganaderas. Así, en el colmo de la transformación del paisaje, hemos dejado el campo en manos de la agricultura industrial de precisión, mientras nuestros artificiales parques urbanos atraen a los últimos refugiados de la naturaleza.

En países como España, donde, a menudo, la pobre calidad del suelo o la escasez de agua impiden este aprovechamiento máximo de los terrenos agrícolas, aún existen grandes extensiones consideradas improductivas, y que son un paraíso de diversidad de plantas e insectos. En España, en primavera y verano aún hay que limpiar el parabrisas cuando se para a repostar, aún se puede disfrutar de una gran variedad de pájaros, y sigue siendo posible ver revolotear a las mariposas en nuestros paseos por el campo. Pero incluso aquí también se está detectando un declive de estas delicadas criaturas.

En su impactante libro *Planeta silencioso* (el título es un homenaje a Rachel Carson), Dave Goulson ofrece algunas medidas para paliar este desastre ambiental; sin duda costosas, pero menos que tener que polinizar a mano millones de árboles frutales e infinitas plantas de soja o de colza. Entre ellas destaca fomentar la conciencia medioambiental a todos los niveles, lograr que nuestras ciudades sean más verdes, transformar nuestro sistema alimentario a favor de los vegetales de proximidad, reduciendo la ingestión de carne, sin olvidar la mejora en la protección de los insectos y de sus hábitats.

Figura 8.2.—Campos de colza en Centroeuropa. La agricultura industrial no deja espacio para la vida silvestre.

8.3

LA PARADOJA DE LA ABUNDANCIA

Carbono y nitrógeno son los elementos más característicos de los seres vivos. Con ellos se construyen carbohidratos, aminoácidos, proteínas, enzimas, ácidos nucleicos y toda la compleja maquinaria bioquímica de la biosfera. Ambos proceden exclusivamente del aire, uno como CO_2, el otro en su forma molecular, N_2. Sin embargo, los dos son, de alguna forma, opuestos en cuanto a su abundancia y a su forma de entrada. El N_2 es con mucho el gas más abundante de la atmósfera, de cuyo contenido supone el 78%; en comparación, el CO_2 alcanza solo un minúsculo 0,03%. Pero el CO_2 penetra en la biosfera por una amplia avenida ensanchada y presidida por la fotosíntesis, que convierte la energía solar en materia orgánica, con la ayuda de la enzima «rubisco», mientras el N_2 solo puede pasar de la atmósfera a la biósfera por una puerta muy estrecha. Como hemos visto, a pesar de su superabundancia en el aire que respiramos, el N_2 no es utilizable en absoluto por ningún organismo eucariota (plantas, animales, hongos, algas, protozoos, etc.), sino tan solo por algunos tipos bacterianos. Estos procariotas mantienen, desde el mismo origen de la vida en la tierra, la habilidad de convertir el N_2 en amoniaco o iones amonio, en un proceso que se denomina «fijación». A partir de aquí, en sucesivos pasos protagonizados siempre por bacterias, se terminan generando nitratos (NO_3), asimilables por las plantas y que así pasan a formar parte de los grandes ciclos de la vida.

Los componentes más abundantes de la materia viva son una proteína enzimática, la rubisco, una molécula estructural, la celulosa, y un pigmento, la clorofila. Entre ellos la rubisco es con mucha diferencia la más compleja. El nombre completo de esta enzima, ribulosa-1,5-bifosfato carboxilasa/oxigenasa, hace honor a su tamaño, a su complicada estructura y a su papel esencial en la fotosíntesis, catalizando la fijación de moléculas de CO_2. Integrada por cadenas polipeptídicas sintetizadas en parte por ADN nuclear y en parte por ADN citoplásmico, la rubisco supone el 3% de toda la masa de hojas de los vegetales, lo que equivale a 700 millones de toneladas en los ecosistemas terrestres, frente a solo unas 30 millones de toneladas en los acuáticos. Aunque esta diferencia se atenúa en parte por la mayor eficiencia, de hasta un orden de magnitud, de la rubisco en medio acuático. En tierra, la rubisco presenta una actividad ralentizada, sobre todo debido a la escasez de moléculas de CO_2 en el aire que la obliga a funcionar en condiciones subóptimas.

Hasta el 30% del contenido en nitrógeno en las hojas se invierte en la síntesis de esta gran enzima. El rendimiento fotosintético de los vegetales está directamente relacionado con su contenido en rubisco, que a su vez depende para su formación de la disponibilidad de nitrógeno. Puesto que la rubisco funciona muy por debajo de su óptimo, las plantas tratan de generar la mayor cantidad posible de esta enzima, que les permita responder con rapidez a las variaciones de los factores ambientales, sobre todo a situaciones favorables pero temporales. Así pues, los seres autótrofos procuran asimilar tanto nitrógeno como sea posible y establecer estrategias para compensar su habitual escasez en el medio. El hambre de nitrógeno ha sido una de las fuerzas selectivas más importantes en la historia evolutiva de los vegetales. La simbiosis con procariotas fijadoras de nitrógeno es una eficaz y antigua respuesta ante la insaciable demanda de este elemento.

Pero, como se explicaba en el primer capítulo, desde hace poco más de un siglo la situación ha cambiado radicalmente. En 1913 el científico alemán Fritz Haber descubrió la forma de fijar el N_2 atmosférico para producir amoniaco en el laboratorio. Su sistema fue escalado a nivel industrial gracias a su socio Carl Bosch y ambos fueron galardonados en 1918 con el Premio Nobel de Química por este avance extraordinario. A partir de entonces la humanidad dejó de depender de los fertilizantes orgánicos para obtener el máximo rendimiento de sus cultivos y la agorera predicción de Malthus sobre el colapso alimenticio de la humanidad fue alejándose cada vez más. Hoy en día las tierras cultivadas abastecen sin problema a los 8000 millones de seres humanos que poblamos el planeta y a una enorme cabaña ganadera que crece con nosotros. Sin embargo, el prestigio de Haber como bienhechor de la humanidad decayó mucho cuando, durante la Primera Guerra Mundial, se dedicó a diseñar gases mortales para ser usados contra las trincheras enemigas. Pero esta es otra historia. Lo sustancial para la biosfera es que la fijación industrial de nitrógeno ha ido imparablemente en aumento y en la actualidad representa bastante más que la fijación biológica; es decir, en un siglo hemos más que duplicado el nitrógeno disponible por los ecosistemas terrestres y acuáticos. Si se compara con apenas el 30% de aumento en la concentración de CO_2 atmósferico, se entenderá la profunda perturbación que el ser humano ha provocado en el ciclo de uno de los elementos cruciales de la biosfera.

Además de los fertilizantes, otra fuente de nitrógeno son los óxidos producidos a partir de la combustión del carbón, y los derivados del petróleo, que pasan a la atmósfera, donde se comportan como tóxicos, pero también como fertilizantes. Técnicamente, a esta sobreabundancia de nutrientes, especialmente de nitrógeno, se la conoce como «eutrofización» y es uno de los problemas ambientales más graves y más difíciles de corregir.

Aunque la mayor disponibilidad de un nutriente esencial y hasta ahora escaso pudiera parecer favorable para todos los vegetales, lo cierto es que está causando un acusado desequilibrio en los ecosistemas y una dramática reducción de la biodiversidad. La razón estriba en la misma base de la evolución, un proceso que da lugar preferentemente a especialistas muy bien adaptados a sobrevivir frente a factores limitantes y, en menor medida, generalistas u oportunistas. Si ese factor limitante, sea la escasez de agua, la baja temperatura, la alta radiación, la falta de nitrógeno o fósforo, etc., lo suprimimos regando, calentando, sombreando o fertilizando, debemos contar con una pérdida de especialistas a favor de especies oportunistas y un brusco descenso de la biodiversidad.

Todas las simbiosis que han surgido como respuesta a la escasez de nutrientes, sobre todo de nitrógeno, sufren el impacto de la eutrofización. Las múltiples asociaciones con cianobacterias se rompen o no llegan a formarse. Una de las más sensibles a la fertilización es la pareja *Nostoc-Geosiphon*, que prácticamente está desapareciendo de los suelos europeos. En el medio acuático, la simbiosis de cianobacterias y diatomeas es también especialmente sensible al aporte artificial de nutrientes. Además, como se explicó en el capítulo dedicado a los arrecifes coralinos, la eutrofización da lugar a aumentos explosivos de algunas algas del fitoplancton, lo que disminuye el oxígeno disponible en el agua y aumenta la turbidez; las zooxantelas de los corales no reciben suficiente luz para realizar la fotosíntesis y la simbiosis fracasa. Por otro lado, la falta de oxígeno asfixia a multitud de animales, tanto vertebrados como invertebrados. En suelos eutrofizados, los nódulos de las leguminosas que albergan colonias de *Rhizobium* no llegan a formarse o son muy escasos. Lo mismo cabe decir del inmenso mundo de las micorrizas, diseñado por la evolución para que los socios vegetales de los hongos pudieran sobrevivir en medios pobres en nutrientes. Puede afirmarse que la rizosfera es una de las más claras dianas de la eutrofización y donde la recuperación, si conseguimos corregir la deposición de fertilizantes, será más difícil y más lenta.

Las comunidades de líquenes epífitos, que viven sobre los árboles, en Europa han sufrido como pocas el impacto de la llegada masiva de nutrientes. Los óxidos de nitrógeno del aire y la lluvia eutrofizada por el polvo o aerosoles cargados de fertilizantes han provocado una drástica simplificación en las otrora diversos y coloridos conjuntos de líquenes (figura 8.3). En la actualidad, y en el mejor de los casos, apenas una docena de especies cubren las cortezas de los árboles en los bosques europeos, cuando eran cientos en el pasado. En las situaciones de eutrofización más extrema, los troncos aparecen monótonamente cubiertos de verdín, un alga verde unicelular, tal vez acompañados, de vez en cuando, por pequeños líquenes amarillentos.

Figura 8.3.—Comunidad muy simplificada de líquenes especialmente adaptados a un ambiente rico en nutrientes.

La disminución de diversidad en la vegetación afecta muy negativamente a las asociaciones de plantas y polinizadores conformadas a lo largo de millones de años de evolución. La preocupante escasez de mariposas en Europa no es solo el síntoma de un uso excesivo de pesticidas y otros venenos, sino también del empleo masivo de fertilizantes, que de los cultivos pasan a los ecosistemas naturales, donde muchas especies de plantas con flores decaen rápidamente o desaparecen por completo.

8.4

POLUCIÓN ATMOSFÉRICA. EL VENENO INVISIBLE

Uno de los grandes problemas ligados a la polución atmosférica en países industrializados es la conocida como «lluvia ácida». La lluvia, de forma natural, tiene un leve carácter ácido, con un pH comprendido entre 5 y 6, pero en áreas contaminadas puede bajar hasta 3 o 2, similar al del ácido sulfúrico. La lluvia ácida se convirtió en el principal problema medioambiental de Europa central y septentrional durante los años 80 del pasado siglo. Lluvias con pH tan bajos contribuyeron a extender las enfermedades y la mortandad de los bosques europeos. En Alemania, un país en el que los bosques forman parte de su esencia cultural, la situación adquirió tintes dramáticos. Más del 80% de los abetos de la Selva Negra estaban muertos o moribundos según los censos de 1987. Otros grandes árboles forestales, como hayas y robles, aunque con menores índices de mortalidad, presentaban también daños gravísimos. Los términos *Waldsterben*, *Forest Death* o Muerte Forestal se hicieron tristemente populares en gran parte de Europa. Al mismo tiempo, más de la mitad de los lagos escandinavos mostraron altos índices de acidificación, con la consiguiente mortandad de peces, incluyendo los salmones de la entonces incipiente acuicultura. La preocupación por la lluvia ácida se sumó a la lucha antinuclear como pilares del movimiento verde, que desde entonces forma parte del paisaje político europeo. Bajo una situación de auténtica alarma nacional, los países más amenazados realizaron un enorme esfuerzo investigador para, en primer lugar, aclarar las causas que provocan la lluvia ácida, y a partir de aquí, proponer soluciones para mitigarla.

Las sustancias que dan lugar a la acidificación extrema de la lluvia proceden de la actividad humana. En su mayor parte consisten en ácidos fuertes, sulfúrico y nítrico, generados a partir de precursores emitidos por la industria y el tráfico. Concretamente moléculas como el SO_2 y el SH_2, producidos a partir de la combustión de gas natural, carbón o petróleo, reaccionan con las moléculas de agua de la atmósfera para dar lugar a SO_4H_2. A su vez, los óxidos de nitrógeno (NOx), generados principalmente por motores de combustión, reaccionan de la misma forma, y se obtiene NO_3H como uno de sus productos finales. Una vez que se instalaron filtros catalíticos de azufre en las centrales térmicas europeas que consumen combustibles fósiles y en los tubos de escape de los coches, el problema de la lluvia ácida fue mitigándose. En los años 90 se observó una incipiente recuperación de los bosques y en la actualidad la situación puede considerarse casi normal, con unas tasas de afectación de árboles por plagas y enfermedades que se encuentran dentro de lo esperable en bosques naturales.

El estudio de la incidencia de la lluvia ácida en los ambientes forestales sirvió también para descubrir la complejidad de las interacciones dentro del ecosistema. Pronto se comprobó que el dióxido de azufre o la lluvia ácida no eran, por sí mismos, tan dañinos cómo cabía esperar. Algunos estudios de campo, ya clásicos, mostraron como las hojas y acículas de árboles frondosos y coníferas de las zonas más expuestas a la contaminación de bosques bávaros en Alemania no mostraban daños significativos. Su alta mortalidad debía explicarse como resultado final de una concatenación de circunstancias adversas. En primer lugar, una mayor predisposición a daños y enfermedades debido a la mayor acidificación del suelo, consecuencia tanto de la lluvia ácida como de los métodos empleados en una explotación forestal intensiva. La rizosfera, y fundamentalmente la simbiosis micorrízica es una de las dianas de la perturbación del suelo. La ruptura de esta asociación tan beneficiosa y crucial para la salud de los árboles tiene consecuencias desastrosas en la capacidad de los bosques para afrontar el ataque de parásitos, fitófagos y enfermedades oportunistas, que se extendieron en forma de grandes plagas.

Por otra parte, los contaminantes oxidantes, en especial O_3, SO_2 y NOx, interfieren gravemente en la fotosíntesis y afectan a la salud e incluso a la supervivencia de muchas especies vegetales. Su poder oxidante interfiere en la cadena de electrones durante la fotosíntesis, reduciendo la capacidad fotoquímica y, finalmente, la fijación de CO_2. Incluso pueden llegar a degradar la clorofila, atrapando su átomo de magnesio y convirtiéndola en feofitina, incapaz de aprovechar la energía lumínica. Por ello, los vegetales se muestran en general más sensibles que los animales ante este tipo de contaminación atmosférica. Naturalmente, hay una gran diferencia entre especies, desde las más frágiles, como los abetos, hasta las más resistentes, como los tilos o los falsos plátanos. Sin embargo, entre los seres autótrofos, ninguno como los líquenes para mostrar daños en cuanto aparece el menor signo de polución.

La simbiosis liquénica está claramente descompensada entre sus dos socios: el hongo supone más del 90% de la biomasa total de cada liquen, si bien, dependiendo de cada especie, una parte más o menos sustancial puede estar reducida a funciones estructurales o protectoras, con muy poco peso en el balance metabólico de cada individuo. En cualquier caso, para que un liquen obtenga un rendimiento de carbohidratos suficiente para crecer y reproducirse, el alga debe ser tan eficiente como para compensar con la fotosíntesis su propia respiración y además nutrir a la enorme masa de hongo que vive a sus expensas. Esta desequilibrada situación explica, en primer lugar, el lento, o lentísimo, crecimiento de los líquenes en comparación con otros seres autótrofos; en segundo lugar, su elevada sensibilidad ante cualquier factor, que pueda afectar negativamente a su pequeño motor fotosintético.

Como hemos visto en el capítulo VI, una de las consecuencias inmediatas de la Revolución Industrial fue la desaparición de los líquenes de los jardines y parques urbanos de Europa, un fenómeno observado por Nylander en los Jardines de Luxemburgo, en París, a finales del siglo XIX. Esta situación empezó a revertirse a partir de los años 70, gracias a la instalación de filtros en las salidas de gases de industrias y centrales térmicas, a la paulatina migración de las fábricas fuera de las ciudades y a la sustitución de las calderas de carbón para calefacciones por otras menos contaminantes. El colapso de la simbiosis liquénica fue un aviso temprano sobre el paulatino envenenamiento de la atmósfera, que unas décadas después derivó en la destructiva lluvia ácida, además de en un aumento sustancial de todo tipo de afecciones respiratorias. No hay mayor prueba de la corrección y eficacia de las medidas de reducción en gases contaminantes que la abundancia y diversidad de líquenes creciendo sobre los árboles. Unos líquenes saludables son la garantía de que el aire que respiramos está libre, al menos, de los peligrosos contaminantes oxidantes.

El traumático episodio de la lluvia ácida nos enseñó, en primer lugar, a reducir las emisiones de SO_2, invirtiendo en filtros caros, pero eficientes. En los años 70 se producían más de seis millones de toneladas anuales de SO_2 en Europa. En 1990 el total de emisiones había descendido a cuatro millones de toneladas y en la actualidad está por debajo de un millón. No hay duda de que, desde el punto de vista de la toxicidad y la acidificación, la calidad del aire europeo ha mejorado y nuestra lluvia está más limpia que hace cuarenta años. Pero siguen existiendo graves problemas.

8.5

UN PLANETA CON FIEBRE

En la penúltima cumbre del clima, COP27, celebrada en Egipto, el secretario general de las Naciones Unidas, António Guterres, alertó: «Nos estamos acercando al infierno climático». Más recientemente, en la primera minicumbre sobre los objetivos climáticos de los estados miembros de la ONU, celebrada en septiembre de 2023, su intervención agudizó el dramatismo de esta metáfora al declarar: «La humanidad ha abierto las puertas del infierno».

Se podrá estar más o menos de acuerdo con esta visión catastrofista, pero es innegable que el calentamiento climático avanza sin freno en todo el mundo. Tanto los continentes como los océanos de ambos hemisferios baten récords de temperatura y la tendencia ascendente es indiscutible. Incluso la Antártida, hasta hace poco aparentemente al margen, o al menos menos afectada, por el calentamiento global empieza a mostrar signos preocupantes. La plataforma de hielo marino, la banquisa, que todos los años se extiende en invierno hasta alcanzar más de 18 millones de kilómetros cuadrados y que hasta hace muy pocos años se mantenía sorprendentemente estable, en 2022 y, sobre todo, en 2023, ha experimentado una reducción como no se había visto nunca. Colonias de pingüino emperador han fracasado en su temporada de cría debido a la menor superficie y estabilidad del mar helado, del que dependen por completo. Los científicos siguen indagando sobre las causas y los efectos de este nuevo escenario ambiental en la Antártida.

Ahora que sabemos cómo la asociación *Azolla-Nostoc* redujo drásticamente la concentración de CO_2 en la atmósfera del Eoceno, produciendo el mayor enfriamiento planetario de los últimos 500 millones de años, sería absurdo que ignorásemos el efecto de haber aumentado drásticamente la concentración de este gas en solo un siglo. Desde comienzos del siglo xx a comienzos del siglo xxi se pasó de unas 300 ppm (partes por millón) de CO_2 en la atmósfera a 400 ppm. En la actualidad estamos ya en unas 420 ppm y cada año, sin solución de continuidad, la concentración aumenta. Incluso en los escenarios más optimistas contemplados por el Panel Intergubernamental para el Cambio Climático (IPCC) se asume que a finales de siglo se habrán superado ampliamente las 500 ppm, es decir, prácticamente el doble de lo que existía antes de la Revolución Industrial. Estos modelos predicen un aumento correspondiente de la temperatura en el mundo que podría situarse hasta tres grados por encima de la media a principios de este siglo, un cambio de una entidad comparable al que sucede en el paso de un periodo glaciar a un interglaciar, solo que nosotros ya estamos en la época más cálida de un interglaciar. Lo que está aconteciendo en el planeta y lo que se verá en el futuro cercano es algo inédito en los últimos millones de años.

Pero las plantas no permanecen pasivas ante el aumento de esta molécula vital. El CO_2, además de su papel como gas con efecto invernadero, es crucial para la fotosíntesis. Supone la única fuente de carbono en la biosfera y su concentración influye de forma sustancial en el crecimiento de los seres autótrofos. Como consecuencia, el rendimiento fotosintético está aumentando en todo el planeta; es lo que se conoce como *world greening* o reverdecimiento del mundo. Con medidas desde satélite se ha constatado un incremento de masa vegetal expresado como un aumento de superficie foliar: hay más hojas y están más verdes. No olvidemos que ahora las plantas «disfrutan» de un ilimitado suministro de nitrógeno, lo que les permite generar grandes cantidades de rubisco y clorofila. El rendimiento fotosintético es tan elevado que algunos cálculos recientes estiman que más de la mitad del CO_2 inyectado a la atmósfera por la actividad humana es absorbido por la vegetación terrestre y acuática. Por otro lado, al haber tantas moléculas de CO_2 en la atmósfera, las plantas terrestres no necesitan abrir demasiado los estomas para captarlas, lo que redunda en una menor pérdida de agua por evapotranspiración, a pesar del aumento de temperatura. En suma, un aprovechamiento del enriquecimiento en CO_2 de la atmósfera y un uso más eficiente del agua están conduciendo a unas altas tasas de crecimiento vegetal. Sin esta respuesta verde al gran impacto provocado por nosotros, la situación ambiental sería mucho más grave.

Por desgracia, estas buenas noticias no se reparten equitativamente. Al igual que sucedía con el nitrógeno, el CO_2 también tiene algunas de las características de un fertilizante: favorece a unas especies en detrimento de otras. La baja concentración de CO_2 en la atmósfera desde finales del Eoceno impulsó la selección de un nuevo tipo de fotosíntesis, que, a base de un mayor consumo de energía, proporcionaba una concentración de CO_2 de más de 1000 o incluso 2000 ppm de CO_2 alrededor de los cloroplastos, para que la rubisco pudiera trabajar a pleno rendimiento. Son las plantas conocidas como C4, a diferencia de las C3 que mantienen el tipo de fotosíntesis ancestral. El maíz, el bambú o la caña de azúcar son algunos ejemplos de plantas C4. Con buenas condiciones de luz, humedad, temperatura y nutrientes, estos vegetales alcanzan tasas de crecimiento espectaculares y son imbatibles frente a las mucho más lentas, aunque más resistentes y frugales, C3. Como es lógico, un aumento de CO_2 en el aire no representa ninguna ventaja para las plantas C4, que han evolucionado precisamente para compensar su escasez mediante mecanismos de concentración intracelular. Sin embargo, las C3 agradecen este mayor sustrato gaseoso para la fotosíntesis y responden aumentando notablemente su tasa de crecimiento. El resultado es un desequilibrio en la competencia entre los dos tipos de plantas en los ecosistemas terrestres y, a la larga, una reducción en su biodiversidad.

La mayor concentración de CO_2 en el aire no tiene por sí mismo un efecto dañino en las simbiosis vegetales, pero el aumento de temperatura sí está teniendo consecuencias. Como hemos visto en el capítulo correspondiente, los arrecifes coralinos son una de las dianas del calentamiento global. El aumento de solo un grado de la temperatura de los océanos tropicales está provocando la expulsión de las zooxantelas del interior de los pólipos, el blanqueamiento del coral y el colapso de esta simbiosis, crucial para la vida oceánica. Por otro lado, una parte nada desdeñable del CO_2 atmosférico se disuelve en el agua, dando lugar a ácido carbónico y contribuyendo así a la acidificación de los océanos. Con un pH demasiado ácido se inhibe la precipitación de carbonato cálcico, el material estructural básico tanto de los corales como de multitud de otros organismos marinos.

Envuelto en su edredón gaseoso, cada vez más cálido, nuestro planeta aumenta su metabolismo y su temperatura, como si fuera un organismo aquejado de algún tipo de estrés. Los procesos orgánicos se aceleran: las plantas, ayudadas por las micorrizas, bombean nitrógeno y fósforo para construir las moléculas esenciales de la fotosíntesis, que a su vez incrementa su eficiencia y produce tasas de desarrollo vegetal nunca vistas en los últimos miles de años. Herbívoros, parásitos y plagas celebran por todo lo alto este aumento de biomasa y multiplican sus poblaciones. En principio, todos ganan, aunque ya hemos visto que no es así. En realidad, los vencedores son los oportunistas, que en este ambiente pueden competir con ventaja frente a los especialistas. La infinita complejidad surgida de la escasez de recursos, la lentitud y precisión como respuesta a los factores ambientales extremos y, por supuesto, las asociaciones entre extraños para afrontar mejor las dificultades de la vida, se desvanecen en un planeta caliente y frenético.

BIBLIOGRAFÍA RELACIONADA

Bar-On, Y. M., y Milo, R. (2019). The global mass and average rate of rubisco. *PNAS, 116:* 4738-4743. https://doi.org/10.1073/pnas.181665411.

Carson, R. (2001). *Primavera silenciosa*. Ed. Crítica.

Cheng, L. et al. (2017). Recent increases in terrestrial carbon uptake at little cost to the water cycle. *Nature Communications, 8:* 110. DOI: 10.1038/s41467-017-00114-5.

Chen, Ch. et al. (2022). CO_2 fertilization of terrestrial photosynthesis inferred from site to global scales. *PNAS, 119:* 10. https://doi.org/10.1073/pnas.2115627119.

Goulson, D. (2023). *Planeta silencioso. Las consecuencias de un mundo sin insectos.* Ed. Crítica.

Huang, W. et al. (2020). Microplastics in the coral reefs and their potential impacts on corals: A mini-review. *Science of the Total Environment, 762:* 143112. https://doi.org/10.1016/j.scitotenv.2020.143112.

Knauer, J. et al. (2023). Higher global gross primary productivity under future climate with more advanced representations of photosynthesis. *Sci. Adv.* 9 (46), eadh9444. DOI: 10.1126/sciadv.adh9444.

Reichholf, J.H. (2021). *La desaparición de las mariposas.* Ed. Crítica.

Schulze, E. D., Lange, O. L., y Oren, R. (1989). Forest Decline and Air Pollution. *Ecological Studies, 77.* Springer Verlag.

EPÍLOGO

Como hemos podido ver a lo largo de estos capítulos, la simbiosis es una de las mayores fuerzas creativas de la naturaleza y está presente por todas parte: desde las múltiples asociaciones de cianobacterias con plantas terrestres, helechos acuáticos y organismos marinos, a las zooxantelas del interior de medusas, moluscos y pólipos coralinos; desde la colorida multiplicidad de los líquenes a la intrincada red de micorrizas y nódulos en la rizosfera; desde el colibrí a las abejas, impulsando su propio reino de flores y néctar. Las asociaciones entre seres fotoautótrofos con otros organismos han moldeado la biosfera y la han enriquecido en diversidad y formas de vida. Algunas de ellas, como *Anabaena-Azolla* o *Rhizobium*-leguminosas, son fundamentales en la alimentación humana. La evolución se ha visto impulsada por esta estrategia de cooperación entre extraños, hasta alcanzar un número de especies nunca visto en la historia de nuestro planeta.

La fuerza selectiva que ha alentado la vida en común entre seres tan distintos ha sido, en la mayoría de los casos, la escasez de nutrientes en el medio ambiente. La búsqueda de recursos siempre limitados, el hambre en última instancia, ha propiciado la conexión entre los componentes de la biosfera, generando tupidas redes de interdependencia cuya ruptura tendría consecuencias fatales para todos ellos. La desaparición de este factor limitante dejaría sin sentido la tendencia evolutiva, que se ha mostrado tan exitosa en los últimos millones de años. Por eso, la fertilización masiva y artificial de los ecosistemas, la eutrofización, es el mayor peligro para la supervivencia de las simbiosis vegetales, que están construidas a partir de la sobriedad, no de la glotonería. Así, por ejemplo, especies oportunistas de algas verdes, de rápido crecimiento, recubren y ahogan a los corales; otras parecidas tapizan la corteza de los árboles europeos, impidiendo el crecimiento de los líquenes.

También la toxicidad de muchos de los contaminantes generados por la industria, la producción de energía o la automoción está detrás de la desaparición o decaimiento de estas simbiosis especialmente delicadas: al igual que el vertido incontrolado de plásticos y fibras textiles sintéticas, que se van fragmentando hasta alcanzar un tamaño microscópico y terminan siendo ingeridas o respiradas, alterando las funciones metabólicas de todo tipo de organismos.

El cambio climático, el gran problema medioambiental de nuestra época, tiene consecuencias negativas a diferentes niveles. Como sabemos, el CO_2 no es un contaminante; al contrario, junto al agua, el nitrógeno y el oxígeno, es una molécula esencial para la vida. Pero además posee unas propiedades fisicoquímicas singulares. Lo mismo que el agua, tiene una gran capacidad de absorción de radiación de onda larga, y ambos protagonizan el efecto invernadero, que hace nuestro planeta habitable, en lugar de una bola de hielo flotando en el cosmos. Sin embargo, a una escala humana, el rápido aumento de CO_2 en la atmósfera, siguiendo el crecimiento imparable de la demanda de energía, está provocando un calentamiento del clima como no se veía desde la última glaciación. En los océanos, el aumento de la temperatura del agua y la acidificación están causando el fracaso en la construcción de caparazones o esqueletos calcáreos, la base estructural de infinidad de seres marinos, incluidos los pólipos formadores de corales.

Todos estos impactos ambientales, sin olvidar la destrucción directa de los ecosistemas mediante incendios provocados, grandes talas de bosques primigenios o creciente urbanización de áreas rurales, están provocando una profunda crisis en la biodiversidad, que muchos investigadores califican como una nueva gran extinción, que sería la sexta de las acaecidas en la historia de nuestro planeta.

Podemos argumentar si tiene sentido asumir que hemos entrado en un nuevo periodo geológico, el Antropoceno, pero tal vez sea preferible centrarse en frenar y corregir las causas de esta situación de progresivo deterioro ambiental, cuyas primeras víctimas están siendo las simbiosis vegetales. Las medidas de corrección pueden ser múltiples, desde domésticas a nacionales o globales, pero todas deben ir en el mismo sentido: dejar de ensuciar el planeta y garantizar que los esfuerzos de regeneración de ecosistemas dañados superen a los casos de destrucción o transformación. Para ello cabría proponer algunas acciones que parecen razonables.

En primer lugar, deberíamos afrontar el problema de la fertilización masiva. Es lógico que se pretenda obtener el máximo rendimiento de cada hectárea de cultivo, aunque, a ser posible, sin eliminar linderos ni cunetas, último refugio de plantas silvestres y animales en zonas agrícolas. Proporcionar alimento a más de ocho mil millones de seres humanos es una tarea gigantesca que justifica el uso de los mayores avances tecnológicos y científicos aplicados a la agricultura, entre ellos, los fertilizantes sintéticos a escala industrial. Sin embargo, lo que ya no es tan racional es que la mayor parte de esa enorme porción del planeta dedicada a la agricultura no nos alimente directamente a nosotros, sino que sirva en realidad para dar de comer a nuestra inmensa cabaña ganadera. Como se contó en el capítulo anterior, en este momento estamos criando miles de millones de cerdos, vacas y ovejas, y la mareante cifra de veinticinco mil millones de pollos. La mayoría de estos animales se producen en macrogranjas y pasan su corta vida encerrados en cubículos con luz artificial y tan pequeños que les impiden darse la vuelta, hasta que alcanzan el peso deseado y son sacrificados. La enorme masa de excrementos y purines generados se usa a su vez como fertilizante o, desgraciadamente, en muchos casos, se arroja al medio sin mayor control. Es una industria que hiere el alma y ensucia el mundo.

Por otro lado, la cabaña ganadera actual contribuye con casi el 15% al aumento de gases de efecto invernadero en la atmósfera; es una cifra enorme, casi igual al impacto originado por todos los vehículos que se mueven por tierra, mar y aire. Lo que llamamos emergencia climática es, en gran medida, una consecuencia de nuestra forma de consumo. Un cambio de hábitos sería positivo tanto para reducir la eutrofización como para disminuir la tasa de calentamiento global.

Una reducción equilibrada en el consumo de carne, priorizando aquella procedente de ganadería extensiva, ayudaría a conseguir un uso más racional de la tierra. Se calcula que se ahorraría más del 70% de la producción vegetal del mundo, si se empleara en alimentar directamente a los seres humanos. Dehesas y pastos podrían seguir utilizándose para una ganadería en campo abierto, que no necesita el aporte de fertilizantes artificiales. Naturalmente, esta forma de producción encarecería el precio de la carne, pero priorizar la calidad frente a la cantidad sería, en este caso, una forma de mejorar al mismo tiempo nuestra salud y la del planeta.

Tal vez la mejor forma de garantizar el suministro cárnico a la humanidad sin un coste excesivo para la biosfera podría consistir en eliminar al animal de la ecuación. La carne sintética es ya una realidad y numerosas empresas se han lanzado a su producción. Esta carne no tiene nada que ver con un engendro químico de saborizantes y colorantes. Se trata de carne cultivada en condiciones de laboratorio a partir de unas cuantas células animales. Cualquier animal puede ser utilizado como base para estos cultivos: atún rojo, salmón, cordero, faisán, pato, pollo... Y, por supuesto, además de hamburguesas y salchichas, también se pueden imitar partes concretas del animal originario: pechuga, muslo, solomillo... La variedad sería inmensa y su producción podría localizarse en cualquier lugar del mundo, con el consiguiente ahorro en transporte. La generación de residuos de estas empresas es mínima en comparación con las actuales granjas de cría. Pero, desafortunadamente, no todo son ventajas. Los métodos de producción aún requieren un suministro de energía muy superior al de la cría de animales en cautividad y su precio actual es hasta ocho veces superior al de la carne procedente de animales vivos. Sin embargo, estamos solo al comienzo de una industria que, con la ayuda de la ciencia y la tecnología, seguramente podrá optimizar su producción hasta conseguir precios competitivos.

Además de crear carne animal sin animales, también es posible producir sucedáneos de carne a partir de células vegetales y levaduras. En este sentido, para dar mayor verosimilitud a la hamburguesa de origen vegetal, se está empezando a utilizar la leghemoglobina, que, como vimos en el capítulo V, producen los nódulos de leguminosas colonizados por *Rhizobium*. Así, hasta la simbiosis puede contribuir a reducir la dependencia de los animales para nuestra alimentación.

En cuanto al calentamiento climático, ya sabemos que los bosques son el gran sumidero de CO_2 y, por lo tanto, nuestros mejores aliados para frenar el efecto invernadero. Aumentar la superficie forestal es una estrategia obvia para reducir la acumulación de este gas en la atmósfera. Sin embargo, no dejemos que los árboles nos impidan ver el bosque. Una uniforme plantación de pinos o eucaliptos no es un ecosistema forestal y toda la acumulación de carbono en forma de madera conseguida a lo largo de los años con frecuencia es devuelta de forma brutal a la atmósfera como resultado de grandes y destructivos incendios. Lo que hay que fomentar es la regeneración natural de los bosques y, si hay que plantar algo, que se haga con especies autóctonas y de forma delicada, preservando la estructura del suelo, con sus micorrizas y la compleja red de interacciones entre la rizosfera y la vegetación. «Limpiar los bosques» es un trágico oxímoron desde el punto de vista ecológico. El gran fotógrafo Sebastião Salgado, en la maravillosa película *La sal de la tierra* (Wim Wenders, 2014), nos enseña cómo con paciencia, conocimiento y cuidado se puede recuperar una gran extensión de selva atlántica brasileña, que había sido totalmente arrasada por sucesivas talas y fuegos provocados. Junto con su mujer, Léila Salgado, fundaron el Instituto Terra, que desde principios de siglo ha organizado la plantación de dos millones y medio de árboles autóctonos, transformando por completo el paisaje y consiguiendo de paso la recuperación de cientos de manantiales.

Con los plásticos sucede algo parecido a lo que vimos con los fertilizantes. Hay que reconocer su papel fundamental en áreas tan esenciales como la higiene, la sanidad y la alimentación. No es posible concebir lo que llamamos civilización o estado de bienestar sin el uso de plásticos. Pero su reciclaje es muy difícil, costoso y solo es posible realizarlo con algunos tipos de plástico. Su destino mayoritario cuando se convierten en basura es la incineración o el vertedero. La reducción en el uso de plásticos y el control en todas sus fases de vida, desde la producción al deshecho, son imperativos para la conservación del medio ambiente a escala global.

La simbiosis es producto de la interconexión de componentes muy distintos del medio natural; su conservación depende en gran medida del mantenimiento de la complejidad y la diversidad de los ecosistemas. Ampliar y, sobre todo, garantizar la conectividad de las áreas protegidas en el mundo, de manera que no funcionen como islas, sino como una red de hábitats, es la mejor forma de asegurar que los esfuerzos de protección son efectivos. Al mismo tiempo, se ha de insistir en el diseño de ciudades cada vez más verdes y en el empleo de un mayor porcentaje de plantas autóctonas en parques y jardines. Hemos de dejar de considerar a las plantas silvestres como malas hierbas y permitir que completen su ciclo de floración, polinización y fructificación antes de segarlas. Aunque resulte paradójico, en Europa los parques de las grandes ciudades se han convertido en un refugio para muchos insectos y pájaros. La biodiversidad debería estar incluida en los nuevos proyectos urbanísticos.

Reducir, reciclar, regenerar, reintroducir, repoblar o reparar son algunas de las erres que definen los esfuerzos de conservación en la actualidad. La tarea es enorme, hay que insistir en ella cada día. La educación y la concienciación ambiental son los dos grandes pilares que alientan este trabajo y lo transmiten de generación en generación.

De todo lo expuesto hasta ahora podemos extraer una sencilla conclusión: las simbiosis vegetales son una parte esencial de lo que identificamos como belleza y diversidad de la naturaleza. Sobrias en su alimentación, delicadas en su estructura y ajustadas con precisión al ambiente, han conducido la evolución hacia una extraordinaria multiplicidad de formas de vida y protagonizan los ciclos fundamentales de la biosfera. El triunfo de esta amistad entre extraños nos muestra el camino para un futuro en el que nuestra propia especie pueda prosperar de forma cooperativa y no destructiva en el fantástico planeta que la vio nacer. Ser un simbionte en lugar de un parásito. Esa debería ser la meta del desarrollo humano.

ÍNDICE DE NOMBRES CIENTÍFICOS

TÍTULOS PUBLICADOS

www.edicionespiramide.es